Bio, Biio, Biiio!

D1724316

Reinhard Renneberg · Iris Rapoport

Bio, Biio, Biiio!

Witzige Essays rund um biologische Themen

Mit Cartoons von Ming Fai Chow und Ekkehard Müller

 Springer

Reinhard Renneberg
MCI Management Center Innsbruck
Innsbruck, Österreich

Iris Rapoport
Berlin, Deutschland

ISBN 978-3-662-58187-2   ISBN 978-3-662-58188-9   (eBook)
https://doi.org/10.1007/978-3-662-58188-9

Die Deutsche Nationalbibliothek verzeichnet diese Publikation in der Deutschen Nationalbibliografie; detaillierte bibliografische Daten sind im Internet über http://dnb.d-nb.de abrufbar.

Verantwortlich im Verlag: Sarah Koch
Layout/Gestaltung: Darja Süßbier
Einbandabbildung: Ming Fai Chow

Springer ist ein Imprint der eingetragenen Gesellschaft Springer-Verlag GmbH, DE und ist ein Teil von Springer Nature
Die Anschrift der Gesellschaft ist: Heidelberger Platz 3, 14197 Berlin, Germany

Vorwort

Es sind die Geschichten eines unzertrennlichen Paares, die auch dieser, nun schon 5. Band der Biolumnen erzählt: Biowissenschaften und Biotechnologie. Den einen Partner treibt an, die Geheimnisse der Natur zu lüften, der andere hat den Anspruch, die Erkenntnisse zu nutzen. Beide schmiedet zusammen, dass dabei immer neue, grundlegende Fragen aufgedeckt werden.

Aufgeschrieben und illustriert sind die Geschichten durch das „Bio-Quintett" von Reinhard, Master Ming, Darja, Iris und Meister Ekkehard. Gesammelt wurden sie von Steffen Schmidt, Wissenschaftsredakteur der Tageszeitung *Neues Deutschland*. Er hat das Projekt Biolumnen dereinst ins Leben gerufen und es nun sogar in Farbe ermöglicht.

Der Titel wurde inspiriert durch einen (ansonsten fast vergessenen) deutschen Bundeskanzler, der vor 50 Jahren prophetisch ausrief: „Ich sage nur China, China, China!"

In diesem Punkt behielt er absolut Recht und so sind wir ebenfalls felsenfest überzeugt, dass der Titel unseres Büchleins ins Schwarze trifft. So, wie der große Schriftsteller Victor Hugo postulierte:

„Keine Armee der Welt kann eine Idee aufhalten, deren Zeit gekommen ist...".

Wir alle werden es mit der Entwicklung der Biotechnologie und deren Grundlagen erleben:

„Ich sage nur: **Bio, Biio, Biiio!**"

Danke, lieber Springer-Verlag in Heidelberg und liebe Sarah Koch!

Inhalt

Trockener Zwieback

Erbrechen, Durchfall. Irgendwann erwischt es wohl jeden. Das erste, was man wieder zu essen wagt, ist oft Zwieback. Und das hat gute Gründe. Es ist vor allem Stärke, die wir da zu uns nehmen, ein Kohlenhydrat, das so leicht wie sonst nichts zu verdauen ist. Gewöhnlich macht Stärke in unserem Essen über die Hälfte der Kohlenhydrate aus. Kein Wunder, denn als wichtiger Reservestoff vieler Pflanzen findet sie sich in Kartoffeln ebenso wie in Reis, Getreideprodukten oder Hülsenfrüchten.

Stärke besteht aus langen verzweigten und unverzweigten Ketten, die komplett aus Glucose-Bausteinen zusammengesetzt sind. Damit unser Körper Stärke aufnehmen kann, muss sie in diese Zucker-Bausteine zerlegt werden. Bereits der Speichel liefert ein Enzym dazu, die Amylase.

Damit beginnt die Stärkeverdauung, anders als die von Eiweiß- und Fett, schon im Mund. Und auch anders als bei Fetten und Eiweißen, droht uns von den Enzymen, die Stärke oder andere Kohlenhydrate verdauen, keine Gefahr der Selbstverdauung, denn unsere vielen körpereigenen Zucker der Schleimhäute in Mund, Magen und Darm sind ganz anders aufgebaut. So kann die Amylase direkt als aktives Enzym gebildet werden und ohne Verzug mit dem Verdauen beginnen.

Wenn man nur lange genug kaut, schmeckt Brot süß. Was wir da schmecken, ist jedoch keine Glucose, sondern vor allem Maltose, ein Zucker, der noch aus zwei Glucosemolekülen besteht. Die Amylase kann die beiden nicht trennen. Doch wer kaut schon, bis das Brot süß schmeckt.

„Sie sollen nicht sagen, ich hätte sie nicht gewarnt!" (c)en

Meist schlucken wir es vorher hinunter. Der Magen liefert kein zusätzliches kohlenhydratspaltendes Enzym. Aber die Amylase des Speichels arbeitet weiter, bis die Magensäure sie stoppt.

Im Dünndarm liefert dann die »Speicheldrüse« des Bauches eine weitere Amylase. Auch sie setzt praktisch keine Glucose frei. Das ist der Maltase vorbehalten, einem Enzym, das an den Bürstensaumzellen des Darmes sitzt. Freie Glucose wird sogleich resorbiert.

Doch nicht bei allen Kohlenhydraten läuft es so glatt. Die Spanne des Möglichen reicht bis hin zu für uns völlig unverdaulichen Verbindungen wie Zellulose. Dazwischen reiht sich die Saccharose, handelsüblich: Zucker, gewonnen aus Rüben oder Zuckerrohr. Sie ist inzwischen das zweithäufigste Kohlenhydrat in unserer Nahrung. Auch sie bereitet, zumindest aus Sicht der Verdauung, selten Probleme.

Das sie spaltende Enzym, die Saccharase, befindet sich auch am Bürstensaum, genauso wie das für den Milchzucker, die Laktase. Diese fehlt allerdings in unseren Breiten bei etwa 15 bis 20 Prozent der Erwachsenen.

Fructose müssen wir als Einzelzucker zwar nicht verdauen, doch ihrer Aufnahme in die Dünndarmzellen sind oft enge Grenzen gesetzt. Das bemerkt leidend so mancher, der zu viele Kirschen oder Äpfel gegessen hat. Denn wenn unsere körpereigenen Enzyme ein Kohlenhydrat nicht verdauen oder wir es nicht resorbieren können, sind die Auswirkungen meist ähnlich: sie werden in den Dickdarm transportiert und leiten auch Wasser dorthin.

Das bewirkt Durchfall, begleitet von Bauchschmerzen und Blähungen...

Und da greift man am besten zu trockenem Zwieback!

Iris Rapoport

11

Nützlicher Ballast

23.01.16

Ballast gilt gemeinhin als unnütz. Und unnütz schienen verschiedene Kohlenhydrate in unserer Kost auch zu sein, für deren Verdauung unser Körper keine Enzyme produziert. Sie sind zwar für Pflanzen und Pilze als Energiespeicher oder Zellwand-Gerüst unverzichtbar, doch für unsere Ernährung anscheinend wertlos. Folglich nannte man sie einst Ballaststoffe.

Doch neuere Erkenntnisse zwangen zum Umdenken. Erstaunlich, was allein Präbiotika, eine Gruppe oft wenig bekannter Ballaststoffe, alles vermögen. Dazu gehören Inulin und resistente Stärke – eine spezielle Stärke, die sich dem normalen Abbau entzieht. Von ihnen ernähren sich im Dickdarm, in dem ja keine Verdauung mehr stattfindet, gerade solche Bakterien, die unsere Gesundheit fördern. Deren Wachstum und die durch ihren Stoffwechsel verursachte Ansäuerung des Darmes schützen uns, indem dies die Besiedlung durch andere, krank machende Keime zurückdrängt.

Doch sie können noch mehr. Sie unterstützen das Immunsystem des Darmes. Und sie wandeln die Präbiotika sogar in Nährstoffe für uns um, etwa Butter- oder Essigsäure. Besonders die Buttersäure nutzt der Darmschleimhaut gleich mehrfach.

Sie dient den Zellen als wichtige Energiequelle und greift außerdem direkt in deren DNA-Ablesung ein. Dabei kann sie vermutlich die Vermehrung potenzieller Krebszellen hemmen. Man sollte ihnen deshalb verzeihen, dass sie auch Gase bilden und dadurch Blähungen verursachen können.

Noah: „Wir brauchen noch Ballaststoffe."

(c) em

Auch Essigsäure wird im Körper verwertet. Anders als einst gedacht, liefert also zumindest ein Teil der vermeintlichen Ballaststoffe dem Körper doch Energie. Ihr Beitrag zur gesamten Kalorienzufuhr ist jedoch gering.

Eine bekanntere Gruppe von Ballaststoffen bildet lange, unlösliche Fasern. Dazu gehören Zellulose und Lignin. Bakterien im Magen der Wiederkäuer können sogar diese verwerten. Unsere »Untermieter« können das nicht und so passieren die Fasern praktisch unverändert den Verdauungstrakt.

Und trotzdem nutzen sie uns! Sie binden viel Wasser und quellen. Bereits der Magen wird dadurch gedehnt. Dabei werden Sättigung signalisierende Hormone ausgeschüttet. Dazu muss allerdings ausreichend getrunken werden, sonst wird das Wasser dem Mageninhalt entzogen.

Die Folge: Verstopfung. Das ist paradox, denn normalerweise wirken die Ballaststoffe im Darm gerade einer Verstopfung entgegen, weil durch das Dehnen dessen Peristaltik angeregt wird. Dadurch werden auch in geringerem Maße schädigende Stoffe gebildet oder schnell ausgeschieden. Zusätzlich wird im Dünndarm durch den viskosen Brei die Aufnahme von Glucose verlangsamt und die von Cholesterin verringert.

30 Gramm Ballaststoffe täglich empfiehlt die Deutsche Gesellschaft für Ernährung. Leider verzehrt die Mehrheit der Deutschen weit weniger.

Da liegt Potenzial brach. Durch mehr Gemüse, Obst und Vollkornprodukte ließe sich das Risiko der zahlreichen durch die Ernährung mitbedingten Krankheiten senken.

Denn Ballaststoffe gleichen dem notwendigen Ballast, der ein leeres Schiff stabilisiert:

Sie stabilisieren unsere Gesundheit!

Iris Rapoport

Ein ganz spezielles Genomprojekt

In Hongkong blühen überall die Baumorchideen (*Bauhinia blakeana*). Die Blüte ist seit 1997 in der Flagge Hongkongs und auf Münzen verewigt. Die etwa 25 000 Bauhinia-Bäume Hongkongs sollen alle von einem einzigen Baum abstammen. Die Pflanze fand der französische Missionar Jean-Marie Delavay 1880 bei einer Wanderung im damals außerhalb Hongkongs liegenden Dorf Pok Fu Lam.

Da sie offenbar ein Hybrid ohne Samen war, schnitt der Priester einen Zweig ab und bewurzelte ihn. Im Botanischen Garten der katholischen Mission bekam die Pflanze den Gattungsnamen *Bauhinia* nach den Botanikern Jean und Gaspard Bauhin. Der Artname *blakeana* ehrte den damaligen britischen Gouverneur von Hongkong, Sir Henry Blake. Der war selber begeisterter Botaniker. Was für Zeiten!

Heute trifft man die *Bauhinia* überall in Hongkong. Es ist der wohl häufigste und auch schönste Straßenbaum der Stadt mit nierenförmigen Blättern und rosa-violetten bis roten Blüten. Als 1990 klar wurde, dass die Kronkolonie 1997 an China zurückgehen würde, begann die Suche nach einer Fahne für die »Spezielle Administrative Region (SAR) Hongkong«. Das Symbol sollte einfach, einprägsam und elegant sein und natürlich ... unpolitisch.

Gefährliche Drachen wurden wegen möglicher Missverständnisse abgelehnt, ebenso lustige Affen und der vom Aussterben bedrohte Rosa Hongkong-Delfin.

Der Hongkonger Designer Honbing Wah machte dann das Rennen. Er ließ sich vom Ahornblatt in der Flagge Kanadas inspirieren.

06.02.16

www.biolumne.de © RenMing

Seine *Bauhinia*-Blüte ist wie eine Windmühle mit fünf Blütenblättern, angeregt auch von traditionellen chinesischen Scherenschnitten. Bereits 1990 nahm ein Parteikongress der KPCh in Beijing »planmäßig und einstimmig den genialen Flaggenentwurf« an. Genial? Rot steht nicht nur für das kommunistische Rot als Blut der Arbeiterklasse, es ist auch die Farbe der Han-Dynastie des ersten Kaisers von China! Die Glücksfarbe!

Die *Bauhinia*-Blüte auf der roten Fahne symbolisiert Hongkong als untrennbaren Teil Chinas. Und das Weiß? Natürlich Dengs Idee: Ein Land – zwei Systeme! Dann noch fünf rote Sterne, einer auf jedem Blütenblatt in der Flagge.

Auf der Flagge der Volksrepublik repräsentieren die fünf Sterne die KP (natürlich der größte Stern) und vier Gruppen: Arbeiter, Bauern, Kleinbürgertum und nationale Minderheiten.

Nun wollen Hongkonger Forscher das Erbgut ihres genialen Symbols entschlüsseln. Die benötigten 10 000 US-Dollar werden durch modernes »Crowdfunding« von interessierten und patriotischen Hongkongern eingeworben. Das sind Peanuts im Vergleich zum Humangenomprojekt, das bekanntlich stolze drei Milliarden Dollar verschlungen hat.

Man darf nun gespannt sein, denn einen peinlichen Fehler hat man mit der Wahl der *Bauhinia* als Symbol wohl doch gemacht: Hybride sind oftmals steril und tragen deshalb keine eigenen Früchte ...

Oder war auch das ein politisch »genialer« chinesischer Hintergedanke?

Reinhard Renneberg

An Apple a Day ...

Äpfel gelten vielen als der Vitaminspender schlechthin. Doch was ist das – ein Vitamin? Der Begriff vereint 13 kleine organische Verbindungen, die chemisch so verschieden sind, dass einige sich in Wasser, andere nur in Fett lösen. Allen jedoch ist gemeinsam, dass sie für unser Leben absolut unverzichtbar sind und dass wir einige davon nicht oder zumindest nicht ausreichend selbst bilden können.

Gleichfalls für alle gilt, dass sie uns keine Kalorien liefern und nur in kleinen Mengen benötigt werden. Ihr Aufgabenspektrum ist breit: Als Coenzyme übernehmen sie wichtige Funktionen in enzymatischen Reaktionen. Etliche sind an der Regulation der Genexpression beteiligt. Ein paar schützen uns vor oxidativen Schäden.

Gemessen an ihrer Synthesevielfalt sind Pflanzen den Menschen, Tieren und vielen Bakterien weit überlegen. Sie können aus anorganischen Bausteinen alle von ihnen benötigten organischen Stoffe selbst herstellen. Anders gesagt, Pflanzen benötigen keine Vitamine. Doch sie liefern uns viele davon. Ein Großteil dieser wird über die Nahrungsketten in tierischen Geweben angereichert, viele auch dort gespeichert.

So sind tierische Produkte oft sogar die ergiebigeren Quellen. Mehr noch, zwei Vitamine – D und B_{12} – werden von Pflanzen gar nicht gebildet. Ersteres ist ein Produkt von Tieren (und Pilzen), letzteres von speziellen Bakterien. Und so ist für den Menschen Fleisch der wichtigste Vitamin-B_{12}-Lieferant. Den Vitamingehalt von Lebensmitteln findet man in Tabellen. Doch das sind nur Durchschnittswerte.

16.03.13

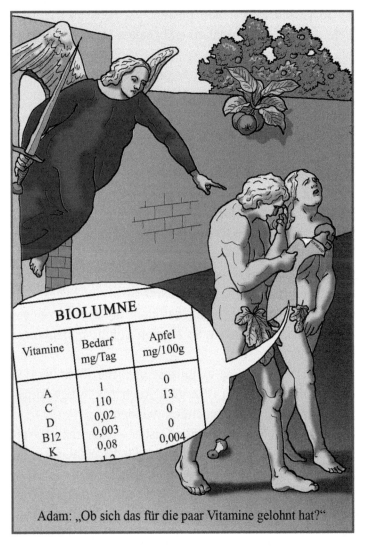

Vitamine	Bedarf mg/Tag	Apfel mg/100g
A	1	0
C	110	13
D	0,02	0
B12	0,003	0
K	0,08	0,004
	1,2	

Adam: „Ob sich das für die paar Vitamine gelohnt hat?"

Unterschiedliche Sorten und Transport, Lagerung oder Zubereitung können den Gehalt stark beeinflussen.

Der Anbau – ob Bio oder konventionell – hat keinen Einfluss. Wohl aber die Resorption im Darm.

So ist die Kalkulation dessen, was uns die Nahrung liefert, immer mit Unsicherheit behaftet. Doch es gibt noch ein viel größeres Problem.

Unser Vitaminbedarf ist keine Naturkonstante! Er variiert nicht nur von Mensch zu Mensch. Schon beim Einzelnen hängt er vom Alter und der Gesundheit ab, von Belastung, Stress, Schwangerschaft und vielem anderen mehr.

Zuwenig darf es nicht sein, sonst folgen Krankheiten. Gerade genug, um Mangelzustände zu verhindern, muss noch nicht optimal sein. Und auch übermäßige Vitaminzufuhr kann schaden. Doch letzteres geschieht kaum bei normaler Ernährung.

Dem Dilemma zu entkommen, ist schwer. Versuche am Menschen verbieten sich. Menschen sind keine Mäuse. Und theoretische Abschätzungen, basierend auf dem derzeitigen Wissen, haben Grenzen. So können Zufuhrempfehlungen nur Schätzwerte sein.

Kein Wunder, dass es unterschiedliche Richtwerte in Deutschland und den USA gibt. Auch zukünftige Anpassungen sollten wohl niemanden wundern.

Und der Apfel? Für Vitamin C ist er – ungeschält(!) – ein guter Spender. Für die restlichen 12 gilt das nicht. Da er andere wichtige Inhaltsstoffe enthält, mag »*An Apple a Day keeps the Doctor away*« (Ein Apfel am Tag hält den Doktor vom Hals) trotzdem zutreffen.

Aber als Synonym für Vitamine schlechthin steht so ein Apfel nicht.

Iris Rapoport

Das exotische Vitamin

Ein einziges Mal hat es das Schwermetall Kobalt in der Evolution in ein Biomolekül geschafft – im Cobalamin. Das Kobalt sitzt dabei sehr fest im Zentrum eines Molekülringes, der große Ähnlichkeit mit unserem Blutfarbstoff besitzt. Cobalamin ist auch genauso schön rot. Nur Bakterien können es bilden. Seine Synthese ist sehr aufwendig und wurde bei höheren Organismen eingespart. Doch es ist unverzichtbar für Mensch oder Tier und deshalb ein Vitamin. Viele Bakterien, die Cobalamin, auch Vitamin B_{12} genannt, bilden, leben mit höheren Organismen symbiotisch.

Wunderbar, mag man denken, da ist das Problem ja gelöst. Mitnichten. Zumindest nicht für uns Menschen, denn die Bakterien wohnen dort, wo Cobalamin wohl nicht mehr resorbiert werden kann: im Dickdarm. Den meisten Tieren geht es nicht anders. Nagetiere wie etwa Hasen und manchmal sogar unsere nächsten Verwandten, die Affen, verspeisen bei Bedarf den eigenen Kot, um Vitamin-B_{12}-Mangel zu vermeiden. Das ist effizient, lädt allerdings nicht gerade zur Nachahmung ein. Wiederkäuer haben einen appetitlicheren Zugang. Bei ihnen siedeln die Bakterien im Vormagen, dem Pansen. So geht nichts verloren.

Alles für uns keine Option. Wir müssen Cobalamin mit der Nahrung aufnehmen. Der geschätzte Bedarf ist mit täglich 0,003 Milligramm minimal. Jegliche Kost tierischen Ursprungs – ob Leber, Fleisch, Eier oder selbst Milch – enthält daran gemessen genug. In Obst und Gemüse hingegen finden sich nur unzureichende Spuren. Selbst im Sauerkraut

„Auch zu Ostern an Vitamin B$_{12}$ denken!"

(c) em

ist davon entschieden zu wenig. Die Resorption von Cobalamin im menschlichen Verdauungstrakt ist außergewöhnlich aufwendig, mehr als bei jedem anderen Vitamin.

So muss dafür eigens ein Hilfsprotein, Intrinsic-Faktor genannt, im Magen gebildet werden. Nachdem das Protein verdaut ist, an das Cobalamin in der Nahrung gebunden ist, wird das freigesetzte Vitamin vom Intrinsic-Faktor umhüllt. Das dient als Erkennungssignal für einen Rezeptor im Dünndarm. Der bindet die beiden und leitet flugs die Bildung kleiner Transportvesikel ein. In denen durchwandert das Vitamin die Darmzellen.

Schließlich wird es im Blut an ein Transportprotein gebunden und im Körper verteilt. Überschüssiges wird in der Leber gespeichert. Gut gefüllt reicht dieser Speicher für mehrere Jahre. Das zeigt, wie wichtig Cobalamin ist, denn so große Depots gibt es für andere Vitamine nicht.

Zwei Enzymen dient Cobalamin als Coenzym. Eines überträgt im Stoffwechsel kleine Kohlenstoffketten, das andere hilft bei der Bereitstellung von einzelnen Kohlenstoffatomen. Als wichtige Bausteine vieler Synthesen werden letztere auch für die Bildung der Erbsubstanz benötigt. Deshalb sind Zellteilungen bei Cobalamin-Mangel beeinträchtigt. Das wirkt sich vor allem bei den blutbildenden Zellen im Knochenmark aus und führt zu gefährlicher Anämie.

Im Nervensystem beeinträchtigt sein Fehlen die Weiterleitung der Signale. Dadurch wirkt sich ein Mangel dort oft am ehesten aus.

Nach bisheriger Kenntnis gibt es keine Überdosierungsprobleme. Selbst da überrascht das Cobalamin.

Iris Rapoport

China und ... Mao

Katzenklon, Katzenklon hieß meine erste Biolumnen-Sammlung beim Wissenschaftsverlag Springer – Spektrum in Heidelberg. Mein 2006 verstorbener genialer Freund Manfred Bofinger hatte sie illustriert. Bofi wäre in diesem Jahr 75 Jahre alt geworden und sein Todestag jährt sich zum zehnten Mal. Manfred fehlt uns sehr, gerade jetzt!

Meine Berliner »Bio-Grafikerin« Darja Süßbier hatte passend zum aktuellen Biolumnenthema eine von Bofis damaligen Illustrationen in ihrem Archiv ausgegraben (und Bofis Witwe Gabi und der Buchverlag haben den Nachdruck im »nd« genehmigt).

Bofi war ein großer Kinder- und Katzenfreund. Meine Katzen sprangen ihm nach kurzem Schnuppern immer gleich auf den Schoß und verfolgten neugierig seine Skizzen auf dem Block. Lustige papierne Bofi-Mäuse fanden sie dann aber doch total uninteressant ...

Katzen waren die ersten geklonten Haustiere. Allerdings waren mein Kater Hou Choi (der Glückliche) und die dreifarbige Kätzin Fortuna keine Klone, sondern Originale. Das Farb-Gen übrigens besitzen nur die Katzenfrauen! Kater sind wie die meisten Menschen-Männer nicht so recht farbenfroh.

Der Vorteil der Katzen in Hongkong: Sie sind, anders als Hunde, auf dem Uni-Campus erlaubt. Meine schlanken China-Katzen waren allerdings noch komplizierter im Charakter als gemütliche dicke deutsche Katzen. Das Personal – also ich – hatte stets fürs richtige Futter zu sorgen. Dafür legten sie mir aber jeden Abend getreulich gejagte

chinesische Mäuse vor die Balkontür. Bisher vermutete ich, wie auch viele Fachleute, dass die Hauskatzen aus dem Nahen Osten zu uns nach China, in den Fernen Osten, gebracht wurden. Im Nahen Osten hatten sich Nubische Falbkatzen (*Felis silvestris lybica*) – auch Afrikanische Wildkatzen genannt – vermutlich schon den Menschen angeschlossen, als diese dort vor etwa 11 000 Jahren sesshaft wurden und begannen, Landwirtschaft zu betreiben.

Denn wo es Getreidevorräte gab, waren reichlich Mäuse zu jagen. Daraus wurde dann im alten Ägypten ein Geschäft auf Gegenseitigkeit: Vor ungefähr 3600 Jahren wurde dort aus dem Kulturfolger eine richtige Hauskatze. Die Ägypter bewunderten die Katzen so sehr, dass daraus ein richtiger

Kult entstand. Archäologische Grabungen legten enorme Mengen von Katzenmumien frei. Chinesische und französische Forscher fanden nun Katzenknochen in chinesischen Dörfern, die auf 3500 v.u.Z. datiert wurden. Die DNA-Tests zeigen klar: Diese »Ost-Katzen« sind genetisch alle Leoparden-Katzen (*Prionailurus bengalensis*), entfernte Verwandte der westlichen Wildkatze, von der wiederum alle »West-Katzen« abstammen. Die Leoparden-Katzen sind schon immer echte Asiaten gewesen. Es gab damals also offenbar zwei völlig verschiedene Arten von Hauskatzen!

Heute allerdings sind auch Chinas Hauskatzen Nachfahren von »West-Katzen«. Noch ist unklar, wie diese den Osten eroberten. Vermutlich kamen sie mit dem Handel über die Seidenstraße aus dem Römischen Reich ins China der Han-Dynastie. Es gab auch Vermischungen. Ob sie nun einfach besser Mäuse fingen als die im Osten heimischen Hauskatzen, darauf allerdings können die genetischen Analysen auch keine Antwort bieten.

Katzen spielten auch in der chinesischen Politik eine große symbolische Rolle – Katze heißt auf Chinesisch »Mao«. Das klingt phonetisch genau so – der Name des Großen Steuermanns Mao Tse-Tung, dessen Familienname »Mao« allerdings für die Bedeutung »Pelz« steht. Der pragmatische Kommunist und Mao-Überwinder Deng Xiaoping (1904-1997) führte China nach Maos Tod von 1979 bis 1997 mit dem berühmten Katzen-Motto zum Erfolg:

»Es spielt keine Rolle, ob eine Katze schwarz oder weiß ist. Hauptsache, sie fängt Mäuse!«

Reinhard Renneberg

E, D, K, A
und das Fett

E, D, K, A – das ist nicht etwa das Ergebnis eines Tippfehlers in der Abkürzung der »Einkaufsgenosseschaft der Kolonialwarenhändler im Halleschen Torbezirk zu Berlin«. Das ist einfach eine Aufzählung aller fettlöslichen Vitamine. Denen ist vieles gemein, doch eines tanzt meist aus der Reihe: das Vitamin K.

Es findet sich nicht wie die anderen bevorzugt in Öl oder Fett – und auch nicht in Apfel, Erdapfel und Co. Es findet sich vor allem in grünem Gemüse. Darauf verweist auch sein Name, Phyllochinon, abgeleitet vom griechischen Phyllo, das Blatt. In den Blattgemüsen sind Phyllochinone in den Fettschichten der Membranen spezieller Chloroplasten (das sind Zellteile, in denen Fotosynthese stattfindet) zu finden – so hat es mit der Fettlöslichkeit doch seine Ordnung. Sie sichern in den Blättern den »Stromfluss« bei der Fotosynthese. Auch in den Darmbakterien, die uns als weitere Vitamin-K-Spender dienen, leiten sie in deren Membranen Elektronen weiter. Die K-Vitamine aus beiden Quellen sind chemisch unterscheidbar und haben verschiedene Wirkspektren. Welchen Anteil jedes an unserer Bedarfsdeckung hat, ist nicht geklärt.

Dumm ist nur, dass sich aus Zellmembranen bei der Verdauung nur schwer etwas herauslösen lässt. Bei Rohkost ist es noch schwieriger als bei Gegartem. In jedem Fall bedarf es gleichzeitiger Fettzufuhr! Das Fett wirkt zweifach: Es erleichtert, das Vitamin freizusetzen und es liefert bei der Verdauung sogenannte Mizellen, die zur Resorption der fettlöslichen Vitamine unerlässlich sind.

GRÜNE WOCHE
im Paradies

Wirsing

Rosenkohl

Blumenkohl

Grünkohl

Kopfsalat

Broccoli

„Ein Löffelchen Öl für Adam ..."

(c) em

Ein komplizierter Prozess. Da ist es schon beruhigend, dass Gesunde gewöhnlich an Vitamin K keinen Mangel leiden. Mit einer Ausnahme: Neugeborene. Da die Muttermilch wenig Vitamin K enthält und die Darmflora des Babys sich erst entwickelt, wird es meist prophylaktisch verabreicht. Als Vitamin hat Phyllochinon eine völlig andere Funktion als am Ursprungsort. Es wirkt als Coenzym und ermöglicht, in einigen Proteinen eine weitere Karbonsäuregruppe an den Eiweißbaustein Glutamat anzufügen.

Die beiden Säuregruppen nehmen Kalziumionen fest in die Zange. Erst dadurch können diese Proteine ihre Funktionen erfüllen. Dazu gehört zuvörderst die Aktivierung der Blutgerinnung. Auch dienen sie der Regulation der Knochenbildung oder dem Schutz vor Arterienverkalkung. Sie greifen sogar in die Wachstumssteuerung ein.

Bei australischen Giftschlangen hat die Evolution den Phyllochinonen eine fiese Rolle gegeben. Nach dem Schlangenbiss lassen Vitamin-K-modifizierte Proteine das Blut des Opfers gerinnen.

Bei Vitamin-K-Mangel drohen gefährliche Blutungen. Eine tägliche Zufuhr von 0,07 Milligramm, so schätzt die Deutsche Gesellschaft für Ernährung, ist nötig, um das zu verhindern. Doch es deutet sich an, dass, um Osteoporose oder Arteriosklerose entgegenzuwirken, die Mengen höher sein müssen.

Bleibt zu ergänzen, dass, anders als bei den übrigen fettlöslichen Vitaminen, die Überdosierungsgefahr gering ist und die Speicher in Leber und Fettgewebe sehr klein sind. Sie reichen nur ein paar Tage.

Es ist also sinnvoll, Vitamin K regelmäßig zuzuführen – die passenden Nahrungsmittel findet man gewiss nicht nur bei EDEKA.

Iris Rapoport

Virenjagd mit Steckbrief

16.04.16

Auch Bakterien haben Feinde. So können sie sogar – wie wir – von Viren befallen werden. Einziges Ziel dieser Viren ist die eigene Vermehrung. Doch an der Schwelle zum Leben stehend, können sie das ohne einen Wirt nicht verwirklichen. Viren, die sich auf Bakterien spezialisiert haben, werden Bakteriophagen genannt. Sie programmieren mit ihrer DNA die Bakterien um und zwingen sie zur Virus-Produktion. Eine fatale Bedrohung! Die Bakterien versuchen, das Eindringen zu verhindern. Doch viele Viren sind raffiniert und überwinden die Barrieren.

Manchmal begehen infizierte Bakterien dann Harakiri. Sie bilden ein Gift, und indem sie sich selber vernichten, hat auch das Virus keine Chance. So werden die anderen Bakterien geschützt. Weitaus eleganter ist es, feindliches Erbmaterial zu zerstören, bevor neue Viren gebildet werden.

Bakterien besitzen besondere Werkzeuge dazu. Man nennt sie Restriktionsendonukleasen. Diese Enzyme erkennen die Nukleinsäuren eingedrungener Viren an bestimmten Aufeinanderfolgen von Bausteinen als fremd und zerschneiden sie, bevor Unheil geschieht.

Eine chemische Maskierung (Methylierung) der entsprechenden Basenfolgen im bakteriellen Genom verhindert einen Angriff auf die eigene DNA. Restriktionsendonukleasen gehören zur Grundausstattung der Bakterien. Deshalb kann man diese Verteidigungsstrategie, obgleich der Mechanismus ein ganz anderer ist, mit unserem angeborenen Immunschutz vergleichen. Daneben gibt es auch bei Bakterien ein Schutzsystem, das anpassungsfähig ist wie unsere

erworbene Immunität. Schon länger waren merkwürdige Bereiche in der DNA von Bakterien bekannt, die CRISPR genannt wurden – Clustered Regularly Interspaced Short Palindromic Repeats: Aneinandergereihte Palindrome, die immer wieder durch unterschiedlichste, kurze DNA-Stücke unterbrochen werden. Doch deren Bedeutung blieb lange verborgen. Schließlich wurde erkannt, dass die zwischengeschalteten kurzen DNA-Stücke Teile des Erbgutes von Viren sind (DOI: 10.1016/j.cell.2015.12.041).

Gelangt ein Virus in ein Bakterium, wird ein Stück seiner DNA als genetischer Steckbrief in das Bakteriengenom geheftet! Genau in die Palindrom-Folge hinein. Dort stört es den Informationsgehalt der DNA des Bakteriums nicht. Doch von dieser Steckbrief-DNA ausgehend, werden kleine RNA-Moleküle produziert.

Diese RNA schützt die Bakterien, äquivalent zu dem, wie uns Antikörper schützen. Dringen solche Viren erneut in die Bakterien ein, dann lagert sich die RNA spezifisch an deren DNA an.

Und das Entscheidende: Gleichzeitig wird ein DNA-spaltendes Enzym, Cas-9 (CRISPR-assoziierte Nuklease 9) genannt, rekrutiert, das das Erbgut der feindlichen Viren zerstört.

Dabei geht diese Form der Immunität noch über das uns Mögliche hinaus – da die Steckbriefe im Genom des Bakteriums gespeichert sind, kann sie sogar vererbt werden!

Iris Rapoport

CRISPR-verrückt

Der Chemie-Hörsaal meiner geliebten Uni platzt am 11. April 2016 aus allen Nähten, wir ziehen in den größten Hörsaal um. Trotzdem müssen noch viele Studenten auf den Treppen des Saales sitzen. Der ewige Traum von der Massenwirksamkeit von Wissenschaft – hier scheint er Wirklichkeit!

Selbst der sonst so hochmütige CNN-Korrespondent steht vor der Tür und bittet demütig um ein Interview mit dem »neuen Gesicht der Biotechnologie«.

Die charmante und eloquente Französin Emmanuelle Marie Charpentier hat mit Jennifer Doudna (USA) maßgeblich exakte Gen-Scheren entwickelt: das CRISPR-cas9-System. Nun ist weltweit der »CRISPR-Wahnsinn« ausgebrochen.

Der Biolumnist RR wird zuerst vom chinesischen Vizepräsidenten der Uni gelobt, Emma zum richtigen Zeitpunkt nach Fernost gelockt zu haben. Rechtzeitig nämlich, bevor sie (nach bereits 20 anderen Preisen!) womöglich mit ihrer US Kollegin Doudna den Nobelpreis bekommt ...

Als gelernter chinesischer Beamter muss ich das Lob natürlich coram publico mit einer dreifachen tiefen Verbeugung bescheiden erwidern.

»Ich werde wohl bald im Guiness-Buch der Rekorde für die meisten Wissenschaftspreise in kurzer Zeit stehen«, scherzt Emmanuelle. Die hat sie vermutlich noch in Kisten verpackt im Max-Planck-Institut für Infektionsbiologie in Berlin stehen.

Dabei bleibt sie bescheiden, locker und humorvoll.

The CRISPR-Revolutionaries

EMMANUELLE CHARPENTIER

UST

25

Sie ist sofort der Liebling der Hongkonger Studenten. Und sie selbst verdankt einem Studenten den entscheidenden Heureka-Moment. Der Vortrag ist dann, wie erwartet, eine Sternstunde der Wissenschaft.

Wie schon meine Co-Biolumnistin Iris Rapoport vor zwei Wochen schrieb: CRISPR erlaubt erstmals, gezielt enzymatisch Gen-Abschnitte aus der DNA aller Lebewesen herauszuschneiden und durch veränderte DNA der gleichen Art zu ersetzen. Das ist die »Neue Gentechnik«.

Sie hebelt den bisherigen Vorwurf aus, artfremde Gene zu verpflanzen, also z. B. Fisch-Gene in Tomaten einzubauen. Damit fällt sie womöglich auch nicht mehr unter die alten Gentechnik-Gesetze…

Aus dem Publikum kommen nicht, wie etwa in Deutschland, Fragen nach möglichen Risiken von CRISPR. Sie feiern vielmehr eine wissenschaftliche Großtat. Emmanuelle warnt aber explizit gerade die Chinesen vor unkontrollierten Experimenten mit der neuen Technik. Charpentier betont mehrfach, es gehe nicht um die Schaffung von Super-Menschen und Super-Lebewesen, sondern um die Reparatur von Defekten, bis hin zu Krebs-Genen, auch um die Bekämpfung von Bakterien- und Virusinfektionen.

Emmanuelle ist – Gott sei Dank einmal weitsichtig von der deutschen Wissenschaftsbürokratie gedacht – als Direktorin an das Max-Planck-Institut für Infektionsbiologie berufen worden. Toll für Berlin! Wie heiß die neue CRISPR-Technik ist, belegt ein Patentstreit, den Emmanuelle und ihre US-Kollegin derzeit mit einem Biochemiker vom Massachusetts Institute of Technologie auszufechten haben, der sich ein vorläufiges Schutzrecht sicherte.

Kann man sie noch überraschen? Ja! Ich habe für mein Biotech-Lehrbuch eine »Geschichte der Biotechnologie in Briefmarken« gestaltet.

Es gibt natürlich noch keine Marke für CRISPR.
Doch als ich ihr meinen von der Berliner Grafikerin Darja Süßbier vollendeten Entwurf einer solchen Marke überreiche, strahlt sie.

Reinhard Renneberg

Geschmackssache

Ein vergessenes Gewürzpäckchen für Salate fand sich in meinem Schrank. »Mit Geschmacksverstärker« kündete eine schwungvolle Schrift. Gerade noch lesbar: Haltbar bis Mai 2003. Mein nächster Einkauf ergab, die Salatwürze gibt's immer noch. Es fand sich ein Tütchen vom nämlichen Hersteller – doch der Aufdruck »Ohne Geschmacksverstärker« zeugte von gewandelten Zeiten.

Nicht auf süß, sauer oder salzig zielen diese Würzen, sondern auf den Geschmack, der *umami* genannt wird. Der *Umami*-Rezeptor der Zunge erkennt einen Proteinbaustein, der Glutaminsäure heißt. So können wir Proteinhaltiges schmecken – und die Salze der Glutaminsäure, Glutamate genannt, als Geschmacksverstärker nutzen.

Glutamat, das unser Körper auch selbst bilden kann, dient nicht nur zur Proteinsynthese. Im Stoffwechsel fungiert es als Drehscheibe für Stickstoffatome und aus seinem Kohlenstoffskelett kann Glucose entstehen. Im Gehirn läuft ein ganz eigener Glutamatstoffwechsel ab. Er schützt uns vor giftigem Ammoniak. Und vor allem dient Glutamat den Nerven als wichtiger Neurotransmitter! Eine Schranke schottet dabei Blut und Hirn streng voneinander ab. So bleiben die Einflüsse der Mahlzeiten außen vor.

Warum dann der Salto Mortale der Werbung? Vor nun fast einem halben Jahrhundert paarten sich in den USA Nahrungsvorurteile und unwissenschaftliche Meinungsmache. Publik wurde, dass einer Person das Essen in einem – zufällig chinesischen – Restaurant nicht bekam. Man spekulierte, dass Glutamat die Schuld daran trage.

„Haar in der Glutamatsuppe gefunden!"

(c) em

Geflissentlich wurde dabei ignoriert, dass nicht nur die chinesische Küche glutamathaltige Würzen kennt und vor allem, dass die meisten Nahrungsmittel sowieso glutamathaltig sind. Etwa 15 Gramm freies Glutamat liefert unsere tägliche Kost! Auf ein paar Gramm mehr oder weniger kommt es da nicht an, denn anders als bei Kochsalz oder Cholesterin gibt es keine Grenze, oberhalb derer es schädlich ist.

Glutamat ist nicht giftig und erzeugt keine Allergien. Es gehört zu den sichersten Nahrungsbestandteilen. So würzte und warb man in unseren Landen, ob Ost oder West, auch jahrzehntelang weiter mit Glutamat. Aber mit der wachsenden Zahl chinesischer Gaststätten schlich sich auch der Mythos der Chinarestaurant-Krankheit ein.

Immer mal hört man von einzelnen Fällen. Was die Symptome auslöst, bleibt meist ungeklärt. Untersuchungen zeigen – Glutamat ist es nicht (*The Journal of nutrition*, PMID: 10736380). Doch bei jeder üblen Nachrede bleibt etwas hängen; Werbestrategen haben dafür ein feines Gespür.

Neugierig geworden, habe ich mit beiden Pülverchen Salate gekrönt. Ihr Geschmack war identisch! Wie das? Ein Blick auf die neue Tüte löste das Rätsel. Hefeextrakt, das gute, uralte Reformhausprodukt, war enthalten. Ganz natürlich war so reichlich vom scheinbar vermiedenen Geschmacksverstärker vorhanden, denn Hefeextrakt enthält viel Glutamat.

Eine Win-Win-Situation! Die verkaufsschädigende Aufschrift war vermieden und der Geschmack gerettet!

Iris Rapoport

Jungbrunnen adé

Fast schien der ewige Jungbrunnen gefunden. Das war im letzten Jahrzehnt des vergangenen Jahrhunderts. Oxidativer Stress und dadurch geschädigte biologische Strukturen waren als eine wichtige Ursache des Alterns erkannt worden.

28.05.16

Entdeckt war auch, dass das fettlösliche Vitamin E als natürlicher Schutz vor Oxidation von Lipiden wirkt. Vitamin E befindet sich in allen Membranen, in den Lipoproteinen des Blutes und in den Fettdepots. Seine vermehrte Zufuhr, so hoffte man, würde gegen die Attacken des Sauerstoffs, dieses unverzichtbaren und doch so gefährlichen Gases schützen!

Reaktive Sauerstoffradikale greifen ungesättigte Fettsäuren an. Dabei bilden sich Fettsäureradikale. Das startet eine Kettenreaktion. Und der stellt sich Vitamin E in den Weg! Es wirkt als Radikalfänger, indem es selbst reaktionsträge Radikale bildet, die mit Hilfe von Vitamin C entsorgt werden.

Mit enormen Erwartungen auf Altersverzögerung und Lebensverlängerung wurden in den 1990ern unglaubliche Mengen an Vitamin E geschluckt. Dabei stand Vitamin E synonym für alpha-Tocopherol.

Nachfolgende Studien ernüchterten. Sie verschreckten mit Botschaften von gesteigerter Sterblichkeit, kündeten von Unwirksamkeit und nur einige von schützender Wirkung.

So erwuchsen Zweifel, ob denn die Antioxidans-Funktion des Vitamins E auch seine wichtigste wäre. Bisher wurde zwar, anders als bei Vitamin A oder D, für Vitamin E kein Rezeptor gefunden, der eine direkte Genregulation

(c) en

ermöglicht. Trotzdem beeinflusst auch dieses Vitamin das Ablesen unserer Gene. Und es reguliert Enzymaktivitäten.

So werden Entzündung und Blutgerinnung gehemmt und das Immunsystem gestärkt. Lange wurde auch wenig beachtet, dass α-Tocopherol nur einer von acht Stoffen ist, die als Vitamin E zusammengefasst werden. Man unterscheidet vier Tocopherole und vier Tocotrienole mit durchaus unterschiedlichen Wirkspektren.

Wurden die Tocotrienole bisher unterschätzt? Sind sie es, die vor hohem Cholesterin und Krebs schützen? (*Nutrition & Metabolism*, DOI: 10.1186/1743-7075-11-52)

Viele Fragen sind offen und weitere Forschung dringend erforderlich! Was tun? Einfach das, was in der Ernährung immer angeraten ist – Abwechslung! Auch bei den verwendeten Ölen. Denn alle E-Vitamine werden zwar von Pflanzen gebildet, aber als fettlösliche Stoffe sind sie in Obst und Gemüse kaum zu finden. Die besten Quellen sind Nüsse und die Produkte ölhaltiger Samen: Oliven- und Sonnenblumenöl sind gute α-Tocopherolspender. Maiskeim-und Rapsöl liefern γ-Tocopherol. Tocotrienole finden sich im selten verwendeten Traubenkernöl, geringe Mengen in den ölhaltigen Anteilen von Getreiden. Auch Leinölgourmets sind wieder einmal im Vorteil!

Der tägliche Bedarf, bisher nur orientiert an alpha-Tocopherol, wird auf zwölf Milligramm geschätzt, ein Überschuss in Leber und Fett gespeichert. Die tolerierbare tägliche Zufuhr schätzt man auf ein Gramm. Ein Mangel ist bei normaler Ernährung nicht zu befürchten.

Der Traum vom Jungbrunnen ist vorerst verronnen – doch die Forschungs-Karawane zieht weiter.

Iris Rapoport

Mein Hongkonger »Café Einstein«

11.06.13

Das teetrinkende China – ein Kaffeeland der Zukunft? Als Produzent war China bei der Welternährungsorganisation FAO und bei der International Coffee Organization (ICO) 2013 noch unter Sonstige gelistet. Die Nr. 1 mit 43 Millionen Sack Kaffee (à 60 kg) ist mit weitem Abstand Brasilien, Nr. 2 (dank DDR-Entwicklungshilfe und Klima) Chinas Nachbar Vietnam mit 27,5 Millionen Sack, dann kommen Kolumbien und Indonesien.

Produktion und Verbrauch von Kaffee in China haben nach Angaben der Hongkonger Tageszeitung *South China Morning Post* seit Jahren zweistellige Wachstumsraten erreicht. 2014 produzierte hauptsächlich die südliche Provinz Yunnan – bisher berühmt für ihren Tee – zwei Millionen Säcke Arabica-Kaffeebohnen. Die auch in Vietnam hauptsächlich produzierte Sorte Robusta wird auf der Insel Hainan angebaut. Die Produktion stillt allerdings nicht den noch schneller gewachsenen Kaffeedurst der Chinesen.

Der Biolumnist gesteht – nicht zum ersten Mal – seine Kaffeeleidenschaft und erinnert an Bachs Kaffeekantate: »Ach was schmeckt der Kaffee süße, süßer noch als Tausend Küsse ...«

Und da ist ja nicht nur der Geschmack. Ähnlich dem grünen und weißen Tee werden auch dem Kaffee inzwischen vielerlei positive Wirkungen nachgesagt.

Was soll er nicht alles bewirken aufgrund der chemischen Ähnlichkeit zum Adenosin: Parkinson-Risiko senken, Gedächtnis verbessern, gegen Herzinfarkte schützen, Leber- und Darmkrebsrisiken senken, schlank machen. Anderer-

CAFÉ EINSTEIN

Theory of Heat Flow –

====== a win/win situation ======

Hot coffee = Hot ideas^2!
Iced coffee = Cool ideas^2?

(C) RanMing

seits droht Kaffee aber auch mit Schlaflosigkeit, Bluthochdruck … An meiner Uni konkurrieren zwei Coffee-Shops: Der heimische »Pacific Coffee« mit dem schicken, aber teuren US-»Starbucks«. Wie langjährige Biolumnen-Leser sicher ahnen, zieht mich nichts zu den Yankees …

Wir kamen also mit dem Biolumnen-Cartoonisten Ming Fai Chow vor drei Jahren auf die Idee, im »Pacific Coffee« Wissenschaftsposter aufzuhängen, alle zwei bis drei Monate ein neues. Zum Beispiel wird Louis Pasteur dargestellt, der gesagt hat: »Das Glück bevorzugt den vorbereiteten Geist«, oder DNA-Papst Jim Watson, bewusst zweideutig: »*Avoid boring people*« (Geh' langweiligen Leuten aus dem Weg und: Langweile Leute nicht!).

Inzwischen blickt nach Marie Curie, Karl Marx (auch der!), Charles Darwin, Victor Hugo, Carl Djerassi und etlichen anderen berühmten Wissenschaftlern Emmanuelle Charpentier – kürzlich zu Gast an meiner Uni – von der Hongkonger Kaffeehauswand.

Als Berliner war ich vom »Café Einstein« beeindruckt, schrieb denen in der Heimat eine nette Anfrage, und als (typisch Berlin!) keine Antwort kam, schlug ich als tatendurstiger Senator meiner lieben Uni vor: »Ein Hongkonger Café Einstein für Asiens No. 1 Uni«! Die Abstimmung im Senat scheiterte dann knapp mit 25 gegen 24 Stimmen. Die Antragsgegner führten die verschiedensten Argumente ins Feld: Warum keinen chinesischen Namen? Und: War Einstein wirklich Kaffeetrinker? Die finanziell gut ausgestattete und etwas ignorante Business School erinnerte daran, dass die Hochschule eine kleine Spende eines namentlich Geehrten für die Uni erwartet. Großes Gelächter im Senat. Doch tatsächlich muss man viel Geld berappen, wenn man hier einen Hörsaal nach sich benennen lassen will.

Als »dienstältester deutscher Professor in Asien« verfiel ich auf eine typisch asiatische List: Ich stellte mich ganz dumm und wir fertigten mit Ming ein Wissenschaftsposter. Pseudowissenschaftlich verbrämt (»Theorie des Wärme-Flusses«) steht da nun groß: »CAFÉ EINSTEIN«!

Und: Es hängt nun bereits seit drei Jahren ungestört ohne Genehmigung und man trifft sich nun im »Einstein's«. Deutsch-chinesische Kriegslist geglückt! Das ist »die Macht des Faktischen«, wie es der deutsch-österreichische Staatsrechtler Georg Jellinek (1851-1911) nannte.

Nun brauche ich erstmal einen Mocca ... natürlich im »Einstein's« und ich summe dabei die Arie der Liesgen in Meister Johann Sebastians Kaffeekantate vor mich hin.

Reinhard Renneberg

Ja, die Chinesen ...

Weise Chinesen empfahlen schon vor 3500 Jahren Leber als Heilmittel bei Nachtblindheit. Natürlich wussten sie nichts von dem dort gespeicherten Vitamin A. Dennoch waren sie unbewusst auf eine seiner wichtigen Funktionen gestoßen: als Sehpigment im Auge Lichtquanten einzufangen.

Diese Ahnung stammt nicht zufällig aus dem alten China. Dort wurde Reis, der kein Vitamin A liefert, bereits vor 8000 Jahren domestiziert. Vermutlich war er vielerorts Hauptnahrungsmittel und Vitamin-A-Mangel damit häufig.

Erstes Symptom des Mangels ist Nachtblindheit, über längere Zeit führt er zur Erblindung. Zwar betrifft beides das Sehen, dennoch sind ganz unterschiedliche Prozesse gestört. Bei Nachtblindheit fehlt das Vitamin unmittelbar als Sehpigment, das kann geheilt werden. Bei Erblindung führt das Fehlen des Vitamins zu Störungen beim Ablesen der Gene (Genexpression).

Vitamin A bindet in vielen Zellen an einen Rezeptor. So kann es sich im Zellkern an bestimmte DNA-Abschnitte anlagern. Das schaltet Gene an oder ab und regelt dadurch die Proteinproduktion. Viele Prozesse werden auf diese Weise gesteuert, darunter Wachstum und Funktionstüchtigkeit von Haut und Schleimhäuten.

Dass die Augen verhornen und ihre Lichtdurchlässigkeit verlieren, ist nur eine der gravierenden Folgen des Mangels, die nicht kuriert werden können.

Nach Schätzungen der Weltgesundheitsorganisation erblinden dadurch jährlich bis zu 500 000 Kinder, die meisten

„Bei Vitamin A waren wir schon immer Vorreiter.
Damals mit der Leber, heute mit dem Goldenen Reis."

(c) em

von ihnen sterben. Da Vitamin-A-Kapseln nicht überall verfügbar sind, versucht das Projekt »Goldener Reis« die Versorgung mit Vitamin A in Mangelgebieten anders zu verbessern.

Was der Züchtung versagt blieb, ist gentechnisch gelungen: Es wurde ein Reis erzeugt, der die pflanzliche Vorstufe von Vitamin A bildet: das beta-Carotin.

Dazu wurden Maisgene genutzt. Der Hersteller Syngenta will das vor Ort vermehrbare Saatgut in Entwicklungsländern unentgeltlich zur Verfügung stellen. Eine sichere Sache. Sogar der Papst hat dem Goldenen Reis seinen Segen gegeben! Doch Gentechnik-Gegner wie Greenpeace verzögern die Nutzung. Ihr Einwand: Der Konzern bleibt Herr der Reisproduktion und andere Folgen von Mangelernährung werden durch den Gentech-Reis gar nicht erst angegangen.

In Deutschland ist die Deckung des Vitamin-A-Bedarfs kein Problem. Ob Leber, Milch oder Eier, ob gelbrotes oder dunkelgrünes Gemüse – uns bieten sich viele Quellen. Pflanzen liefern stets nur das Provitamin. Das kann auch nicht überdosiert werden. Denn nur wenn benötigt, wird es im Darm in Vitamin A umgewandelt.

Anders beim »fertigen« Vitamin A aus tierischer Kost. Das wird in unserer Leber gespeichert. Wird deren Kapazität überschritten, dann lässt auch das die Genexpression entgleisen. Doch das kann eigentlich nur bei zu häufigem Lebergenuss geschehen. Schwangere sollten Leber aus ihrem Speiseplan streichen.

Eisbärenleber enthält so viel Vitamin A, dass sie giftig ist. Inuit verzehren sie deshalb auch nicht. Sie handeln damit ebenso weise wie die alten Chinesen.

Iris Rapoport

Molekularer DNA-Rekorder

09.07.16

Immer noch schlägt das gentechnische Verfahren mit dem unaussprechlichen Namen »CRISPR/Cas-9« hohe Wellen in der Forschungslandschaft. Selbst die Geschäftswelt ist euphorisch.

Inzwischen wird die Entdeckung als die wichtigste des neuen Jahrhunderts gehandelt: Wissenschaftspreise purzeln dafür, der Nobelpreis und der Hongkonger Shaw-Preis scheinen in Sicht.

CRISPR/Cas9 heißen die von Emmanuelle Charpentier und mehreren Teams entdeckten selektiven »Genscheren«, die möglicherweise sogar einen historischen Wendepunkt in unserer menschlichen Geschichte bringen.

Das CRISPR-System schneidet gezielt Gene heraus und ersetzt sie bzw. repariert defekte Gene »spurlos«, ohne Marker dieses Eingriffs zu hinterlassen. Es geht nicht mehr um den besonders in Deutschland kritisierten Einbau von Fremdgenen, also zum Beispiel vom Fisch in Tomaten, sondern um Ersatz innerhalb des eigenen Genoms. Die Kritik der Gentechnik-Gegner läuft fortan ins Leere ...

Forscher um George Church von der Harvard-Universität nutzen nun allerdings doch künstliche DNA, um mit CRIPR/Cas9 eine Art »molekularen Tonband-Rekorder« herzustellen, wie sie im Fachblatt *Science* (DOI: 10.1126/science.aaf1175) schreiben. Das System integriert zunächst in *Escherichia-coli*-Bakterien spezielle, im Labor synthetisierte DNA-Elemente in deren Erbgut. Wenn man diese Bakterien-DNA dann später analysiert, kann man die zeitliche Abfolge von Veränderungen an der DNA bestimmen.

Das ist wie das Abhören eines molekularen Tonbands, auf dem ständig Zeitansagen eingeblendet werden. Man kann also nachvollziehen, was genetisch passiert ist.

George Churchs Team arbeitet nun an der Verbesserung des Rekorders. Es wäre ideal, nicht die doppelsträngige DNA in der Zelle zu benutzen, sondern die einzelsträngige Boten-Ribonukleinsäure (mRNA). Wenn das CRISPR-System nun mit dem Enzym Revertase gekoppelt würde, das RNA in DNA umwandelt, wäre dies möglich. Dann wüsste man auch, wann die DNA abgelesen wurde.

Eine andere fantastische Version wäre, die programmierbaren Bakterien zu benutzen, um andere Mikroben nachzuweisen, im Darm, dem Boden oder Abwasser. Sie würden Informationen sammeln und speichern, die wir Menschen dann zur gezielten Therapie bei Erkrankungen nutzen könnten.

Immer neue Anwendungen für CRISPR werden fast täglich erschlossen und patentiert. Emmanuelle Charpentier schrieb mir gerade aus Berlin, wo sie ihren Forschungsbereich am Max-Planck-Institut für Infektionsbiologie aufbaut, es sei »ein surreales Gefühl« nach endlos langen Jahren einsamer Grundlagenforschung plötzlich im Rampenlicht eines Goldrausches zu stehen.

Es ist »dem neuen Gesicht der Gentechnik« zu gönnen!

Reinhard Renneberg

»EU-Standards könnten sinken«

»EU-Standards für Lebensmittel könnten sinken« – So lautet eine der Warnungen vor dem TTIP-Abkommen. Doch Lebensmittel-Standards kann die EU auch ganz gut allein hinwegfegen.

Dabei fing alles so hoffnungsvoll an. 2006 beschloss die EU-Kommission mit der Health-Claims-Verordnung, dem Wildwuchs fantasievoller, oft irreführender Gesundheitsversprechen der Lebensmittelindustrie einen Riegel vorzuschieben.

Seit 2012 darf nur noch mit in der Health-Claims-Verordnung erlaubten Angaben geworben werden.

Die deutsche Verbraucherzentrale sah damals »gesundheitsbezogene Werbeversprechen unter Kontrolle«.

Toll, dachte man, Vernunft und wissenschaftliche Einsicht haben gesiegt. Beim beruhigten Zurücklehnen übersah man leicht, was da weiter stand: »Der Kernpunkt der Verordnung steht noch aus: die Festlegung der so genannten Nährwertprofile.« Diese Profile sollten Grenzwerte für Zucker, Fett und Salz in verarbeiteten Lebensmitteln festlegen. Würden diese nicht eingehalten, sollte jegliches Gesundheitsversprechen verboten sein – auch wenn gesundheitsfördernde Zusätze im Produkt sein sollten.

Doch die Lebensmittelindustrie hat die Festlegung solcher Nährwertprofile torpediert – und mehr noch, das Anliegen der Verordnung ins Gegenteil verkehrt. Die etwa 250 von der EU erlaubten »*Health Claims*« – etwa zu Vitaminen – werden genutzt, um ungesunden Lebensmitteln einen gesunden Anstrich zu geben und so den Verbraucher zu

„Na bitte, das schaffen die auch ganz ohne uns."

(c) em

täuschen! In einer umfassenden Studie hat die Organisation »foodwatch« in diesem Jahr nachgewiesen, dass 90 Prozent der in Deutschland mit Vitaminen beworbenen Lebensmittel zu fett, zu süß oder zu salzig – kurz: ungesund – sind!

Ausgangspunkt waren die Standards der Weltgesundheitsorganisation WHO. Deren Regionalbüro für Europa hatte angesichts zunehmender ernährungsbedingter Krankheiten und grassierenden Übergewichts schon im zartesten Alter Nährwertprofile für Kinder erstellt. Es scheint sehr sinnvoll, diese Empfehlungen der WHO für Kinder auch für Erwachsene zu nutzen.

Dem steht die Einschätzung der Süßwarenindustrie entgegen, dass wissenschaftlich fundierte Empfehlungen nicht möglich seien. Zudem drohte man, Nährwertprofile würden einer Überprüfung vor dem Europäischen Gerichtshof nicht standhalten.

Und unsere europäische Realität? Mitte April dieses Jahres haben die EU-Parlamentarier für eine Streichung der Nährwertprofile aus der Health-Claims-Verordnung gestimmt. Damit wären alle bisher in den Health Claims zugelassenen gesundheitsbezogenen Aussagen Makulatur.

Wem waren die Parlamentarier verpflichtet – ihrem Gewissen, wissenschaftlichen Einsichten oder den Interessen der Lebensmittellobby?

Es bedarf wahrlich keiner neuen Abkommen, um Lebensmittel-Standards in Europa zu senken!

Iris Rapoport und Viola Berkling

Klone altern gesund

Superstar Dolly, das erste Klonschaf, wurde nur sechs Jahre alt. Es litt an Gelenkentzündungen und bekam am Ende eine Lungenentzündung. Es musste eingeschläfert werden. Das säte natürlich Zweifel am Nutzen des Klonens mithilfe des somatischen Zellkern-Transfers (SCNT).

14. 09.13

»Dolly-Vater« Sir Ian Wilmut, mit dem ich im vorigen Jahr in Hongkong sprach, hatte selbst Zweifel und arbeitet jetzt lieber an Stammzellen für die Leber, eine große Aufgabe für das whiskyliebende Schottland. Es gab auch keinen Nobelpreis für Sir Ian, wohl aber für John Gurdon (Klonen von Fröschen) und Shinya Yamanaka (Stammzellen).

Eine neue umfassende Studie (*Nature Communications*, DOI: 10.1038/ncomms12359) von Forschern um Kevin Sinclair von der Universität Nottingham bringt nun Entwarnung. Die Wissenschaftler untersuchten 13 Klon-Schafe im Alter von sieben bis neun Jahren. Das entspricht einem Menschenalter von etwa 60 bis 70 Jahren. Vier der Tiere stammen aus derselben Zelllinie wie Dolly, besitzen also das gleiche Genmaterial.

Sinclair und Kollegen machten einen Gesundheitscheck. Das Ergebnis: keine Zeichen frühzeitigen Alterns, nur einige leichte Fälle von Gelenkbeschwerden, dem Alter der Tiere entsprechend.

Das 1996 geborene und 1997 der Öffentlichkeit präsentierte Schaf Dolly war der erste Klon eines erwachsenen Säugetiers, lebte aus Sicherheitsgründen in einem streng bewachten Betonblock und wiederkäute Pillen mit Nahrungskonzentrat.

Dolly

Daisy

Debbie

Dianna

Denise

www.biolumne.de   © RenMing

Frisches Gras zupfen wie etwa seine vier nun untersuchten genetischen Kopien durfte es nicht. Vier Kopien des
berühmten Schafs, Daisy, Debbie, Denise und Dianna, er-
freuen sich also bester Gesundheit. Mit ihren neun Jahren
seien sie zwar betagte Damen, doch erstaunlich fit, alles wie

bei ganz normalen Schafen, berichtet der Entwicklungsbiologe Sinclair.

Dolly hatte bekanntlich drei Mütter. Aus einer Euterzelle der ersten stammte die DNA. Die zweite Mama stellte eine entkernte Eizelle zur Verfügung. Ein drittes Schaf war Leihmutter für den Embryo.

Entgegen ersten Befürchtungen wurde das Klonen seither höchstens genutzt, um die Gene besonders wertvoller Zuchttiere zu erhalten. Schließlich war es nicht effizient und damit sehr teuer.

Lange stellte sich Frage: Sieht ein geklontes Lamm nur jung aus, während seine Zellen sich an ihr wahres Alter »erinnern«? Es gebe keine Anzeichen dafür, dass die sieben- bis neunjährigen Klonschafe vorzeitig altern, sagt Sinclair. Herz, Stoffwechsel und Knochen seien völlig in Ordnung, auch im Vergleich mit sechs etwas jüngeren Schafen aus konventioneller Zucht.

Von Lahmheit keine Spur. Einige Zellen seien offenbar komplett umprogrammiert worden, sagt Sinclair. Daraus entstünden ganz normale Tiere. Dollys früher Tod war somit wohl einfach nur Pech.

Dolly wurde ja bekanntlich nach Dolly Parton benannt, einer vollbusigen US-amerikanischen Country-Sängerin und überaus erfolgreiche Songautorin. Ist Schaf Dolly etwa dem Hit des Country-Sängers Faron Young gefolgt:

»Live fast, love hard, die young!«
(»Lebe schnell, liebe heftig, stirb jung«)?

Reinhard Renneberg

Vitaminmangel? Hier?

Deutschland ist kein Vitaminmangelland, liest man allenthalben. Im Prinzip richtig! Aber da es schon ausreicht, wenn nur einer dieser lebensnotwendigen Stoffe fehlt, ist die Aussage problematisch. Denn mit Folsäure, einem B-Vitamin, ist die Mehrheit in Deutschland deutlich unterversorgt.

Schlimme Folgen kann das in der Schwangerschaft haben. Besonders in den ersten, meist unbemerkten Wochen, besteht die Gefahr verschiedenster Missbildungen. Als sogenannte Neuralrohrdefekte betreffen sie besonders häufig Rückenmark oder Gehirn.

Wie es dazu kommt und was die Folsäure dabei tut, ist noch nicht ganz klar. Immerhin weiß man, warum Folsäure generell unverzichtbar ist. Beim Stoffwechsel der Aminosäuren und bei der Synthese der DNA-Bausteine werden häufig einzelne Kohlenstoffatome benötigt. Da Folsäure diese transportieren kann, dient sie vielen Enzymen als Coenzym. Fehlt sie, wirkt sich das besonders bei den sich schnell vermehrenden Zellen Ungeborener und Heranwachsender negativ aus. Aber auch die blutbildenden Knochenmarkzellen Erwachsener müssen sich oft teilen. Und so ist Blutarmut eine zwangsläufige Folge von Folsäuremangel.

Auch wenn der Name vom lateinischen *folium* (Blatt) abgeleitet ist, enthalten die Blattgemüse – wie viele andere Nahrungsmittel auch – meist nur geringe Mengen des Vitamins. Gute Quellen sind Hülsenfrüchte und Leber. Leider ist Folsäure sehr licht-, hitze- und sauerstoffempfindlich.

„Bei soviel Kohl mache ich mir keine Sorgen um den Nachwuchs."

Da geht schnell einiges verloren. Zudem wird das Vitamin erst durch Verdauung für uns nutzbar.

All das macht es schwer, auf die empfohlenen 0,3 Milligramm pro Tag zu kommen – so gering diese Menge scheinen mag.

Einst war Getreide eine wichtige Quelle. Das hat sich mit der industriellen Verarbeitung geändert. Da weltweit viele Grundnahrungsmittel aus solchem verarbeiteten Getreide bestehen, ist Folsäuremangel ein internationales Problem.

Deshalb wurde die sogenannte *Flour Fortification Initiative* (Mehlanreicherungsinitiative) ins Leben gerufen. Die versucht nationale Gesetze durchzusetzen, die die Industrie verpflichten, die Verarbeitungsverluste durch Zusatz synthetischer Folsäure auszugleichen. Die synthetische Form hat zudem den Vorzug, auch ohne Verdauung resorbiert zu werden. Der Nachteil: Sie kann überdosiert werden.

85 Länder folgen der Initiative bereits. In den USA und Kanada wurde so die Häufigkeit von Neuralrohrdefekten beeindruckend verringert. Viele europäische Länder, auch Deutschland, haben sich der Initiative nicht angeschlossen. Und so ist Zahl von Neuralrohrdefekten bei Neugeborenen konstant hoch, wie eine im *British Medical Journal* (DOI: 10.1136/bmj.h5949) veröffentlichte Untersuchung zeigt.

Offensichtlich reichen Aufklärung der Bevölkerung und die gelegentlich von Herstellern freiwillig erfolgenden Folsäurezusätze nicht aus.

Die angebotenen angereicherten Produkte, wie das gelbe folsäurehaltige Kochsalz, werden zu wenig genutzt. Und wer sorgt vor einer Schwangerschaft durch Folsäurepräparate vor?

Bei Folsäure ist Deutschland sehr wohl Vitaminmangelland. Es wäre an der Zeit, das zu ändern.

Iris Rapoport

Technologie mit Geist

03.09.16

Sommerurlaub: Biolumnist RR mit Frau im Kaukasus. Das letzte Mal war ich als Student zu Sowjetzeiten hier: vor immerhin 40 Jahren. In Jerewan, der armenischen Hauptstadt, begehrte der damals in Moskau Biochemie studierende Reinchard Gerbertowitsch »iz GDR« vergeblich Einlass an der Kognac-Fabrik »Ararat«.

Keine Valuta ... Dicke amerikanische Touristen strömten an ihm vorbei zur Kognac-Degustation hinein und kamen nach einer Stunde beschwipst wieder heraus.

Nun habe ich das denkwürdige Vergnügen, selber im Komfortbus, geschmückt mit den Flaggen schwarz-rot-gold und blau-rot-orange (Armenien), herangekarrt zu werden. Jetzt inmitten dicker Deutscher.

Ich erinnere mich: Im Ostblock war »Armenischer Kognac« der Trank der Diplomaten. »Kognac« allerdings stand nur in kyrillischer Schrift auf den Etiketten. Denn seit dem Versailler Vertrag, den Sowjetrussland als »Raubfrieden« ablehnte, dürfen anderswo nur Weinbrände aus der Region Charente um die Stadt Cognac in Frankreich „Cognac" heißen.

Wir lernen: Der Weinbau in Armenien reicht schon über 3000 Jahre zurück. Das trockene und warme Klima und der nährstoffreiche Boden des Ararat-Tals sind optimal für den Wein und das weiche mineralhaltige Wasser genau richtig für die Brandproduktion.

Das Destillationsprinzip kennt der Leser bereits: Wasser siedet bei 100 Grad, Alkohol jedoch schon bei 78 Grad Celsius.

Die abgekühlte Alk-Fraktion ist Grundlage der Spirituo-
sen. Wie lange im Kaukasus bereits Weingeist destilliert
wird, ist unbekannt, doch 1887 begann die Herstellung von
Brandy durch die Yerevan Brandy Company. 1903 stammte
die Hälfte des in Russland konsumierten Weinbrands aus

Armenien. Wichtig für das typische Aroma ist die jahrelange Lagerung in Fässern aus armenischer Kaukasus-Eiche.

Regel: Je golden-dunkler der Cognac, desto länger lag er im Fass. Die Biochemie von Alkohol in Holzfässern? Zunächst nehmen flüchtiger Alkohol und andere unerwünschte, scharf riechende oder schmeckende Bestandteile des Destillats beständig ab. Der Luftaustausch durch die Poren der Fasswand ist dafür verantwortlich. Auch sonst ist das Holz unentbehrlich. Der Alkohol löst auch Holzbestandteile, Gerbstoffe etwa. Es entwickeln sich sogenannte Lactone. Die sorgen für das Aroma. Die genaue Interaktion zwischen Holz und Spirituose ist nicht geklärt. Das ist eben Kunst!

Beim angeheiterten Verkosten werden auch noch Anekdoten zum Cognac erzählt. Der Georgier Josef Stalin erlebte auf der Konferenz in Jalta den Verbündeten Churchill als Cognac-Genießer. Und so schickte Stalin an Sir Winston eine riesige Ladung der armenischen Marke »Dvin«.

Als jüngst Premier David Cameron Russland besuchte, soll ihn Wladimir Putin bei der Überreichung einer Flasche »Dvin« an die Freundschaft vor 70 Jahren erinnert haben. Damit lägen die Freundschafts-Werte der einstigen Alliierten heute bei mageren 0,25 Prozent, sagt unsere Führerin.

Mathe-Frage: Wie vieler Flaschen bester armenische Biotechnologie erfreute sich Sir Winston zur Bekräftigung der Freundschaft?

Reinhard Renneberg

Da Gamas Dilemma

Kolumbus hatte Glück. Er blieb bei seinen Entdeckungsfahrten von Skorbut verschont.

Seine Reiseetappen überschritten kaum einen Monat und so lange reicht das im Körper gespeicherte Vitamin C, um diese Vitaminmangelkrankheit zu verhindern.

Bei den längeren Schiffspassagen von Vasco da Gama und anderen Eroberern und Fernhändlern bis ins 18. Jahrhundert finden sich stets Schilderungen der Symptome des Vitaminmangels: Man liest von wucherndem Zahnfleisch und ausfallenden Zähnen, von nicht heilenden Wunden und Knochenproblemen.

Zwei Millionen Tote, so schätzt man, hat Skorbut in der christlichen Seefahrt damals gefordert. Es war die Haupttodesursache auf See. Vitamine und Mangelkrankheiten waren noch unbekannt und so machte man mangelnde Hygiene oder Überanstrengung verantwortlich.

Doch schon damals wurde die schützende Wirkung mancher Nahrungsmittel beobachtet. Etwa bei den in Peru entdeckten Kartoffeln und den Zitronen. Und auch bei unserem Sauerkraut. Leider gerieten solche Beobachtungen immer wieder in Vergessenheit.

Anders als die Seefahrer blieben die Schiffsratten von der Krankheit verschont. Sie können Ascorbinsäure, wie das Vitamin auch genannt wird, selbst bilden – es ist gar kein Vitamin für sie! Das gilt für die meisten Tiere.

Uns Menschen ist das Enzym, das Ascorbinsäure aus Glucose bildet, allerdings in der Evolution abhanden gekommen.

Sie werden es noch nicht begreifen:
„Die Gelegenheit bedarf eines bereiten Geistes."

Ein Schicksal, das wir mit Affen und Meerschweinchen teilen. So wie einst für die Schiffsleute sind auch für uns Kohl, Zitrusfrüchte, Paprika und Kartoffeln wichtige Vitamin-C-Quellen. Der Gehalt ist in Kartoffeln zwar nicht üppig. Doch da macht's die verzehrte Menge.

Ascorbinsäure ist empfindlich gegen Wärme und Sauerstoff. Und so verringert sich ihr Gehalt bei längerer Lagerung und beim Kochen. Dabei wird zudem noch etliches mit dem Kochwasser entsorgt.

Unser Bedarf schwankt und hängt von körperlicher Belastung, Alter, Schwangerschaft, Erkrankungen und vielem anderem ab. Trotzdem leiden wir in Deutschland höchst selten an Vitamin-C-Mangel.

Das Vitamin hat zwei Funktionen: eine unspezifische, bei der es als Antioxidans wirkt und dabei auch Radikale abfängt. Doch unverzichtbar wird es erst durch seine spezifische Funktion als Cofaktor verschiedener Enzyme. Einige davon sind Enzyme der Kollagensynthese, so dass Ascorbinsäure unentbehrlich für die Bildung von Bindegewebe und Knochen ist. Das erklärt die Zahnfleischprobleme, die ausfallenden Zähne und viele andere Skorbut-Symptome.

Auch für den Immunschutz ist Vitamin C wichtig.

Trotzdem ist nach wie vor unsicher, ob erhöhte Dosen an Vitamin C wirklich vor Erkältungskrankheiten schützen. Ein Nachweis ist schwierig, weil unser Bedarf ohnehin völlig gedeckt ist.

Sicher ist jedoch, dass der Zusatz von Vitamin C in Bonbons, Brausen und Sonstigem wohl nur dem Produzenten nutzt. Dem dient es als unbedenkliches Konservierungsmittel und gaukelt ein gesundheitsförderndes Produkt vor.

Letzteres beruhigt das Gewissen und steigert den Absatz.

Iris Rapoport

Scharfes für Herrn Li?

01.10.16

»Meine« Chinesen lieben ihr Essen scharf, besonders bei der Sechuan-Küche.

Chili-Paprika ist das bevorzugte Gewürz. Auch Ingwer darf nicht fehlen.

Über die Wunderwirkungen des Ingwers hat die Biolumne bereits berichtet. Ingwer beugt dem Kater nach dem Genuss von Maotai (einem chinesischen Hochprozentigen) vor, wie der Biolumnist aus gelegentlichem (!) Selbstversuch weiß. Die würzige Wurzel hilft auch bei Seekrankheit in schaukelnden Dschunken. Das Gewürz verlangsamt überdies das Fortschreiten einiger Krebsarten und wirkt auch gegen Diabetes und Arthrose. Und das praktisch ohne Nebenwirkungen. Genial!

Nun kommt eine neue Studie zu dem Schluss, dass Ingwer und Chili gemeinsam einige Krebserkrankungen noch effektiver bremsen können. In Zellkulturen haben Inhaltsstoffe der Chili-Schoten sich schon früher als wirksam gegen Krebszellen erwiesen. Andere Untersuchungen wollten aber auch krebserregende Wirkungen gefunden haben.

Der hauptsächliche Wirkstoff dabei ist Capsaicin, welches Chilis so scharf macht. Capsaicin heftet sich an Rezeptor-Proteine der Krebszellen in der Zellkultur, bis diese absterben.

Erstaunlich ist, dass Capsaicin dabei offenbar die gesunden und normalen Zellen, die den Tumor umgeben, unversehrt lässt.

Beim Prostatakrebs hat eine Studie der Universität von Kalifornien eine krebshemmende Wirkung ermittelt: für eine 90 Kilo schwere Person ungefähr 400 Milligramm

Capsaicin dreimal pro Woche. Das entspricht dem Verzehr von drei bis acht frischen Chilis pro Woche.

Aber Vorsicht: Chilis sind für manche unverträglich! Der scharfe Stoff in Chili reduziert die Bildung eines Proteins, das in großen Mengen von Tumoren erzeugt wird, zum

Beispiel bei Prostatakrebs das prostataspezifische Antigen (abgekürzt PSA).

PSA wird heute mit Immuntests gemessen und dient als Indikator. Doch ein praktisches Capsaicin-Medikament ist noch Zukunftsmusik. Und so bleibt die Empfehlung des britischen Krebsforschungszentrums, das Krebsrisiko »natürlich« mit einer gesunden und ausgewogenen Ernährung zu senken. Reichlich Gemüse (dabei auch viel Ingwer und Paprika) sowie Obst sind auch sonst gesund.

Was den Biolumnisten als passionierten Kaffeetrinker außerdem freut: Die Wirkung von Capsaicin wird durch Koffein verstärkt! Das heißt, eine Kombination der beiden unterstützt Krebsvorsorge und -heilung, außerdem hilft es bei der Fettverbrennung. Kann wohl jeder gebrauchen …

Also: Kaffee mit Chili … zum Frühstück? Oder: Chili lieber mit Alkohol … zur Nacht?

Chinesen, die scharf gewürzte Speisen bevorzugen, hatten in einer prospektiven Beobachtungsstudie im *British Medical Journal* (Bd. 351, h3942) ein generell niedrigeres Sterberisiko – super, aber nur, wenn sie keinen Alkohol konsumierten – Pech!

Und wenn es höllisch im Schlund brennt? Ein Biochemiker-Tipp? Man bekommt die Schärfe nicht mit Bier, Tee oder Wasser weg! Die scharfen Substanzen sind nämlich schwer wasserlöslich, aber gut fettlöslich.

Und so wirkt ein Löffelchen Olivenöl Wunder.

Reinhard Renneberg

Verborgener Hunger

Die Evolution hat mit den Bausteinen der Natur über Jahrmillionen rastlos experimentiert. Als Resultat sind mehr als 20 der 92 natürlich vorkommenden Elemente für uns lebensnotwendig geworden. Viele von ihnen benötigen wir nur in geringen Mengen. Sie werden deshalb Spurenelemente genannt.

Vielleicht überrascht es, dass diese zumeist Schwermetalle sind, die doch gemeinhin als giftig gelten. Doch dadurch wird verständlich, dass die Spanne zwischen dem, was uns nutzt und dem, was uns schadet, oft klein ist.

Anders als die Mengenelemente Natrium und Kalium, die als Ionen in den Körperflüssigkeiten verteilt sind, finden sich die Spurenelemente direkt an Enzyme oder Hormone gebunden. Oft werden die Metalle auch von kleinen organischen Molekülen bei der Komplexbildung fest in die Zange genommen. Diese Moleküle lagern sich als Cofaktoren an Enzyme oder andere Proteine an. Durch solch eine Bindung an eine überschaubare Anzahl von riesigen Biomolekülen reichen tatsächlich oft einige Milligramm eines Elementes im Organismus aus.

Man sollte nun meinen, die Zahl der lebensnotwendigen Elemente sei exakt bekannt. Weit gefehlt! Durchaus nicht jedes Element, das sich in unserem Körper befindet, hat dort auch zwangsläufig eine biologische Funktion. Etliche, wie Blei oder Quecksilber, scheinen sogar nur schädlich zu wirken. Lange galt auch Selen als gefährliches Gift. Doch das ist es nur im Übermaß. Richtig dosiert dient es vielen Enzymen als essenzieller Bestandteil.

„Merkt Euch: die Spanne zwischen Mangelerscheinungen und giftiger Wirkung ist bei den Spurenelementen sehr gering."

Andere Exoten des Periodensystems, die unsere Existenz mit begründen, sind Molybdän, Mangan, Kobalt und Kupfer. Auch Jod, Zink und Eisen gehören dazu. Diese acht Elemente sind der »innere Kanon«. Häufig werden sie durch

Chrom und Fluor ergänzt. Doch trotz der segensreichen Wirkung des Fluorids auf die Zähne, wird dessen Unverzichtbarkeit manchmal bezweifelt. Auch die Bedeutung von rund zehn weiteren Elemente ist umstritten. Dazu zählen Nickel, Bor und Silizium.

Sogar das als Gift bekannte Arsen ist ein Anwärter für die Liste unverzichtbarer Elemente.

Bei einigen der umstrittenen Elemente haben Studien Korrelationen zu biologischen Funktionen gezeigt. Doch Korrelationen sind noch kein Beweis. Für einen Beweis muss der Mechanismus geklärt sein, der das Element unverzichtbar macht. Bei einigen Elementen ist die essenzielle Funktion in anderen Organismen bewiesen. Doch das gilt nicht zwingend auch für den Menschen.

Während Mangel an Kalorienlieferanten Hunger erzeugt, gilt das für Mangel an Spurenelementen (wie generell für Minerale) nicht. Offensichtlich hat die Evolution darauf gesetzt, dass bei ausreichender Nahrung eine angemessene Zufuhr sichergestellt ist.

Das funktioniert, weil quer durch die belebte Natur, wenn auch mit individuellen Besonderheiten, immer wieder die gleichen Elemente lebensnotwendig sind. So können sie mit der Nahrungskette weitergereicht werden und wir leiden an den meisten Spurenelementen wahrscheinlich keinen Mangel.

Doch speziell bei Jod (zugeführt als Jodid), Eisen und Zink gibt es Schwachstellen, die uns leider kein Hunger signalisiert.

Iris Rapoport

Blaues Blut

29.10.16

Blut ist tatsächlich nicht bei allen Lebewesen rot und jene, die sich für blaublütig halten, befinden sich unversehens in Gesellschaft von Tintenfischen, Spinnen und Schnecken.

Anders als beim Menschen hat die Evolution bei vielen Wirbellosen nicht Eisen, sondern Kupfer zur Bindung des lebenswichtigen Sauerstoffs erkoren.

Kupfer bildet mit Proteinen einen stabilen Komplex. Das Ergebnis sind faszinierende Moleküle – die Hämocyanine. Ihre blaue Farbe bekommen sie erst, wenn sie Sauerstoff binden. Oft aus Millionen von Atomen aufgebaut, gehören sie zu den größten bekannten Eiweißen. Es sind selbstregulierende Wunderwerke, die frei gelöst im Blut dieser Organismen das Atemgas transportieren.

Menschen besitzen zwar keine Hämocyanine, jedoch andere kupferhaltige Proteine. Auch deren Funktion hat stets mit Sauerstoff zu tun. Vermutlich verdankt das Schwermetall diesem Gas den Einstieg in die biologische Welt. So hilft Kupfer, bei der Energiegewinnung in der Atmungskette Elektronen zum Sauerstoff weiterzuleiten. Anderswo ist es entscheidender Bestandteil eines Enzyms, das uns vor gefährlichen Sauerstoffradikalen schützt. Einige Enzyme sind den Hämocyaninen sogar strukturell ähnlich. Sie sind an der Bildung des Stresshormons Adrenalin, aber auch an der Pigmentbildung beteiligt. Doch der Löwenanteil des Kupfers findet sich in einem Blutplasma-Protein.

Dort wacht es über den Oxidationszustand des Eisens und sichert so dessen Transport. Kein Wunder, dass Kupfer für uns unverzichtbar ist. 100 Milligramm finden sich in

Blaublütig - ein Foto fürs Familienalbum. *(c)em*

unserem Körper. Für ein Spurenelement ist das schon recht viel. Etwa 1 Milligramm benötigen wir täglich. Enthalten ist es in Fleisch, aber auch in grünem Gemüse und Nüssen. Kupfer ist aber nicht nur nützlich. Nehmen wir dauerhaft zu viel auf, gibt es ernsthafte Probleme.

Das betrifft nicht nur den Menschen, sondern nahezu alles Lebende, auch Bakterien und Pilze. Die Giftwirkung wurde intensiv untersucht.

Das führte schon 1992 in der EU zu Bestrebungen, die Anwendung von Kupfer als Pestizid in der Landwirtschaft zu verbieten. Erfolglos. 2008 machte die EFSA (Europäische Behörde für Lebensmittelsicherheit) erneut einen Vorstoß. Doch 2009 wurde wieder entschieden, Kupfer als Fungizid bis auf weiteres zuzulassen.

Ein Verzicht, so fürchtete man, würde das Aus vieler Ökobauern bedeuten. Denn gerade für sie ist, ob ihrer Ablehnung synthetischer Pestizide, das als natürlich geltende Schwermetall beim Anbau von Hopfen, Wein, Kartoffeln und selbst Obst unverzichtbar.

Tatsächlich ist beim Ökoanbau der Eintrag von Kupfer in den Boden pro Hektar offiziell durchschnittlich mindestens doppelt so hoch wie in der konventionellen Landwirtschaft. Das beeinträchtigt nicht nur die Gesundheit von Regenwürmern. Nahrungsketten werden gestört und deshalb wird intensiv nach Ersatz für Kupfer gesucht.

Geforscht wird auch am blauen Blut. Man hofft auf neue Immuntherapien gegen Krebs und darauf, die bei den komplexen Hämocyaninen gefundenen Funktionsprinzipien in biologischen Nanoschaltern zu nutzen.

Iris Rapoport

Würstchen sind auf Partys ein bequemes und beliebtes Essen. Doch wer weiß schon genau, was drin steckt?

Würstchen im Halal-Test

China wurde von mehreren Lebensmittelskandalen heimgesucht. Nachbarländer mit muslimischer Bevölkerung wie Malaysia achten streng darauf, dass Fleisch »halal« ist (»halal« bedeutet auf Arabisch »erlaubt« und »zulässig«). Schweinefleisch gehört auf keinen Fall dazu. Bei der Kontrolle wird da heutzutage auch Hightech eingesetzt.

So berichtet Eaqub Ali von der Universität Kuala Lumpur im US-Fachblatt *Journal of Agricultural Food Chemistry* (Bd. 64, S. 6343) über DNA-Tests an 20 Würst- chenproben von verschiedenen malaysischen Märkten. Sie setzten die gängige Polymerase-Ketten-Reaktion (PCR) ein, um zunächst geringste Mengen extrahierter DNA zu vervielfältigen.

Dann benutzten sie den »*Riflip*« (Restriktionsfragment-Längen-Polymorphismus – RFLP) meines englischen Freundes Sir Alec Jeffreys. Der hatte am 15. September 1984 das Gen für das Muskeleiweiß Myoglobin von verschiedenen Personen untersucht. Nach enzymatischer Spaltung und einer Gel-Elektrophorese fotografierte Jeffreys die DNA-Abschnitte. Die DNA war in Banden angeordnet, die wie Strichcodes auf Verpackungen aussahen. Einzigartige Muster! Jeder Mensch kann damit identifiziert werden...

Deshalb gaben er und seine Kollegen der Zufallsentdeckung den Namen »Genetischer Fingerabdruck«. Heute ist das eine Standardmethode in der Kriminalistik. Jeffreys wurde von der Queen zum Ritter geschlagen.

Die geniale Idee hinter »*Riflip*«: Zahl und Größe der Erbgutfragmente nach dem Zerschneiden mit DNA-Spalt-Enzymen unterscheiden sich bei verschiedenen Menschen. Das funktioniert natürlich auch für die DNA verschiedener Tierarten. Und so untersuchten die malaysischen Forscher im Labor die Gene für das Eiweiß Cytochrom b von Rind, Wasserbüffel und Schwein und schnitten sie mit gleichen DNA-Enzymen.

Nun sind Biolumne-Leser dran! Wir nehmen theoretisch ein DNA-Schneide-Enzym, das die Doppelhelix immer an der Stelle TAACG schneidet und zwar zwischen A und A. Wie viele Riflip-Fragmente ergeben sich zum Beispiel, wenn das Gen für Cytochrom c so aussieht:

TATA-ACGGCGTA-ACGGTAACGTAGTATA-ACGG?

Man nehme einen Farbstift und finde die Stelle TAACG! Genau fünf! Und bei einem anderen Tier?

TATACC-GGCGTGACGGTGACGTAGTATAGCGG?

Exakt null!! Und genauso machten es die Forscher!

Acht Fragmente für Rind, null für Wasserbüffel und zwei Fragmente beim Schwein wurden sichtbar.

Nun die Würstchen! Aha! Sehr häufig wurde teures Importrindfleisch durch billiges malaysisches Büffelfleisch ersetzt. Aber immerhin – keine Spur vom unerlaubten Schweinefleisch! Und so dürfte zumindest in Malaysia auch da, wo »*Hot Dog*« draufsteht, nur Rind oder Büffel drin sein.

Chinesen würden allerdings fragen: »Und warum wurde eigentlich nicht auf Hunde-DNA getestet?«

Reinhard Renneberg

Boschs Welten

Unheimlich sehen sie aus, die Pfeilschwanz- krebse, wenn man ihnen im Marschland bei Boston begegnet.

23.01.16

Unweigerlich denkt man an die Fantasiegeschöpfe eines Hieronymus Bosch: Wandelnde Stahlhelme mit Messern.

Dabei sind sie absolut ungefährlich – und evolutionär ein echtes Erfolgsmodell! Seit 350 Millionen Jahren bevölkern sie unsere Erde. Oder auch 450 Millionen.

Das kommt schon nicht mehr darauf an. Sie haben die Ammoniten überlebt und die Saurier. Ihre Anpassungsfä- higkeit ist einsame Spitze. Das macht sie auch pharmakolo- gisch interessant.

Eines ihrer Geheimnisse ist gelüftet. Ihre Blutzellen, Amöbozyten genannt, enthalten ein Gerinnungssystem, das sie unglaublich effizient vor vielen Bakterien schützt. Uner- wünschte Eindringlinge und deren Toxine werden sofort von einer gallertartigen Schicht umhüllt und unschädlich gemacht.

Als Arzneimittel lässt sich das nicht nutzen, aber ein Extrakt der Zellen ihres milchblauen Blutes, *Limulus Amö- bocyten Lysat* (LAL) genannt, wird international als Test auf viele Bakterien genutzt. Etwa auf solche, die Hirnhautent- zündung, Typhus oder die Legionärskrankheit hervorrufen. Impfstoffe, wie gegen Grippe, werden damit vor ihrer An- wendung auf Unbedenklichkeit überprüft. Gleiches gilt für Implantate unterschiedlichster Art.

Die Hufeisenkrebse werden zur »Blutspende« gefangen und anschließend ins Meer zurückgesetzt. Allerdings über- leben nicht alle Tiere diese Strapaze.

„Die Saurier haben wir überlebt..."

(c)em

Zwar gibt es erste Gesetze, die die Fangquoten regulieren. Doch noch wichtiger ist, dass man ihre Schutzproteine
inzwischen kennt und gentechnisch produzieren kann. Dennoch ist die Gefahr für diese lebenden Fossilien nicht

gebannt. Es lauern neue Begehrlichkeiten. Ihr Blut scheint noch andere medizinisch interessante Stoffe zu enthalten: solche, die uns vielleicht direkt vor Viren, Bakterien oder sogar Tumoren schützen könnten.

Und nicht zu unterschätzen – mit einem Liter ihres Blutes ist derzeit ein Erlös von 15 000 Dollar zu erzielen. Diese Summe dürfte so manches ökologische Gewissen betäuben.

Von anderen Meereslebewesen, den Großen Kalifornischen Schlüssellochschnecken, wird der blaue Blutfarbstoff, das Hämocyanin, heute schon direkt verwendet. Aus ihm wird ein Stoff mit stark immunstimulierender Kraft produziert, der in einigen Ländern zur Behandlung des Harnblasenkarzinoms eingesetzt wird.

Die Fähigkeit des Hämocyanins, die Immunantwort zu verstärken, hilft überdies bei der Herstellung effizienter Impfseren gegen verschiedene Erreger. Auch bei den Schlüssellochschnecken wird bereits vor Überfischung gewarnt. Doch erste Ergebnisse zu ihrer Haltung in Aquakultur lassen für sie hoffen.

Insgesamt steckt die pharmakologische Erforschung der Meeresorganismen erst in ihren Anfängen. Ihre enorme Vielfalt, die die anderer Lebewesen weit übersteigt, rückt sie mit den darin schlummernden Möglichkeiten zunehmend in den Fokus. (*Journal of Pharmacy And Bioallied Sciences*, DOI: 10.4103/0975-7406.171700)

…vermutlich können im Meer noch viele Schätze gehoben werden. Hoffentlich geschieht es mit Augenmaß!

von Iris Rapoport

Gans oder Pute?

Was dem Deutschen zum Fest die Weihnachtsgans, ist dem Amerikaner zu Thanksgiving der Truthahn. Als gewaltige Eisbrocken füllen sie im November allerorten die Tiefkühlregale.

Die riesigen Vögel sind echte Ureinwohner des Kontinents. Sie wurden von Indianern vor etwa 900 Jahren domestiziert. Als die ersten Einwanderer 1621 im heutigen Plymouth landeten, teilten die damals dort lebenden Wampanoag großzügig ihre Vorräte mit ihnen. Die Pilgerväter hätten sonst wohl den grimmigen Winter im neuen England nicht überlebt.

Das erste Erntedankfest, so weiß die Überlieferung, feierte man noch einträchtig zusammen. Seitdem ist Truthahn zum Erntedank ungebrochene Tradition. Zumindest bei den Nachkommen der Siedler. Die Sicht der Ureinwohner wird wohl eine andere sein …

Von den Fleischmassen eines amerikanischen Puters wird eine Großfamilie mühelos satt. Doch überall in dem riesigen Land punktgenau am vierten Donnerstag im November den obligatorischen Truthahn zu liefern, war für die Farmer lange ein Albtraum.

Selbst aufkommende Gefriermöglichkeiten änderten daran zunächst nichts. Wieder aufgetaut, waren die Fleischberge unwiederbringlich verdorben.

Raffinierteste Kochkunst war machtlos. Lebensmittelchemiker fanden die Ursache in den Leinsamen der Mastkost. Keine andere Pflanze enthält so viel Omega-3-Fettsäuren: jene für Mensch und Tier unverzichtbaren Fett-

„Gans oder Puter?"

säuren, die vom Kettenende her gezählt, am dritten Kohlenstoffatom die erste von mehreren Doppelbindungen tragen. Weil sich Sauerstoff leicht an Doppelbindungen anlagert, wird auch keine andere Fettsäure so schnell ranzig.

Deshalb wurde Leinsamen durch Mais ersetzt. Dessen Gehalt an ungesättigten Fettsäuren, speziell an Omega-3, ist deutlich geringer. Zusätzlich wurde das Futter durch Vitamin-D-Zusatz vor Oxidation geschützt. So wurde der Braten gerettet.

Doch wertvolle Omega-3-Fettsäuren in die Nahrungskette einzuschleusen, ist eigentlich eine gute Idee. Heute wird Leinsamen neben Algen als Hühnerfutter verwendet, um Omega-3-Eier zu erzeugen. Sicher, in Lachs oder Hering ist mehr von diesem unverzichtbaren Nahrungsbestandteil enthalten, doch wie oft kommt Fisch auf den Tisch?

An Omega-3-Fettsäuren leiden wir objektiv Mangel, denn die meisten verwendeten Öle enthalten vorwiegend Omega-6-Fettsäuren. Keine Frage, dass auch die unverzichtbar sind. Aber da beide in unsere Membranfette eingebaut werden und aus ihnen unterschiedliche Gewebshormone entstehen, sind ausgewogene Proportionen vonnöten. Die werden in Deutschland selten erreicht. Auch die Hafermast unserer Weihnachtsgänse enthält vorwiegend Omega-6-Fettsäuren.

Wieder einmal sind Vor- und Nachteil nicht zu trennen. Der Austausch der Fettsäuren hat die Qualität der Puter ernährungsphysiologisch gemindert, sie dafür aber besser haltbar gemacht.

Sieben Sorten Fleisch, so sagt man, finden sich in dem riesigen Vieh. Doch womit auch immer gefüttert, keines gleicht dem einer Weihnachtsgans!

Iris Rapoport

Resistente Keime im Pekinger Smog

In China nimmt der Smog immer bedrohlichere Formen an.

Zur Erinnerung: Das Kunstwort Smog entstand im damals noch industriellen London aus den beiden englischen Wörtern für Rauch (Smoke) und Nebel (Fog). Und anders als im modernen London dominieren in den chinesischen Metropolen noch heute die Industrie samt kohlebefeuerter Stromerzeugung und – im Norden – Kohleheizung. Die Auswirkungen sind ähnlich verheerend wie im industriellen England bis in die 1950er Jahre. Zu den Olympischen Spielen 2012 konnte Beijing gerade noch das »Gesicht wahren«, indem monatelang vor dem Sportereignis die schlimmsten Dreckschleudern zwangspausieren mussten.

Der (natürlich unbeabsichtigte) psychologische Langzeiteffekt war: Nun wissen die Beijinger, wie schön strahlend blauer Himmel sein kann. Doch im Moment ist es wieder so trübe, dass sogar Flüge gestrichen werden mussten.

Ein weiteres der vielen chinesischen Probleme sind antibiotikaresistente Bakterienstämme. Bedenkenlos werden hier Menschen und Nutztiere mit billigen Antibiotika vollgepumpt. Penicillin-Entdecker Sir Alexander Fleming würde im Grabe rotieren ...

Meiner Tageszeitung seit 20 Jahren, der Hongkonger englischsprachigen *South China Morning Post*, entnehme ich nun, dass die beiden Probleme sogar eng miteinander zusammenhängen könnten. Die Zeitung schreibt über schwedische Untersuchungen von 864 DNA-Proben, die weltweit

07.01.17

von Mensch, Tier und Umwelt gesammelt wurden. Die Gruppe um Joakim Larsson von der Universität Göteborg berichtet in der Zeitschrift *Microbiome*, wie viele Antibiotika-Resistenz-Gene (ARG) gefunden wurden: Spitzenreiter war Beijing mit 64 verschiedenen Typen von ARGs in Umweltproben. Unklar ist allerdings, ob die Bakterien im Pekinger Smog lebendig oder tot sind. Die Proben stammen von fünf Tagen mit Smog im Januar 2013.

Für 2050 werden pro Jahr eine Million chinesische Opfer durch Infektion mit solchen resistenten Keimen vorhergesagt. Davor schützen die typischen asiatischen Gesichtsmasken kaum mehr als gegen die gasförmigen Komponenten des Smogs.

Meine chinesischen Kollegen freuen sich trotzdem über die unabhängige schwedische Hilfe. Wenig erfreut sie dagegen, dass die US-Botschaft in der chinesischen Hauptstadt Peking auf ihrem Dach Geräte zur Messung der Luftqualität installiert hat. Die damit ermittelten Werte veröffentlicht die Botschaft stündlich über Twitter und auf einer Website (*www.bjair.info*).

Die Messungen seien technisch nicht korrekt, sagte pflichtbewusst der stellvertretende Umweltschutzminister Wu Xiaoqing der Agentur Xinhua, sie sollten deshalb nicht weiter veröffentlicht werden.

Die Yankees kontern schlau, das Messprogramm diene ja nur dem Schutze der Gesundheit der amerikanischen Diplomaten.

Ganz China lacht und schimpft nun gleichzeitig ...

Reinhard Renneberg

Zinkmangel?

Der Polarexpedition von Sir John Franklin war kein Erfolg beschieden. Nicht einer der Expeditionsteilnehmer kehrte von der Suche nach der Nordwestpassage von Europa nach Asien lebend zurück.

Viel ist über die Gründe des Misslingens der 1845 begonnenen dreijährigen Odyssee gerätselt worden. Auch die erst kürzlich im tauenden Polareis gefundenen Wracks der beiden Forschungsschiffe »Erebus« (2014) und »Terror« (2016) erlaubten keine endgültigen Aussagen.

Der gängigsten These nach erlagen die Besatzungen einer schleichenden Bleivergiftung. Denn mit dem gefährlichen Schwermetall waren nicht nur Tausende von Konservendosen in den Schiffsvorräten zugelötet, auch die Trinkwasser-Aufbereitungsanlage bestand daraus.

Als man kürzlich mit modernsten Methoden daran ging, zwei im Eis konservierte Nägel des Matrosen John Hartnell – einen vom Daumen, den anderen vom großen Zeh – zu analysieren, wollte man diese Bleihypothese wohl erhärten. Doch zum Erstaunen der kanadischen Forscher um Jennie R. Christensen fand sich kein Zuviel an Blei, jedoch ein deutlicher Zinkmangel. (DOI: 10.1016/ j.jasrep.2016.11.042)

Zink fungiert in unserem Körper als sehr wichtiges Spurenelement. Es ist Co-Faktor von mehr als 300 Enzymen! Dabei hat es oft katalytische Funktion. In vielen Fällen stabilisiert es auch Proteinstrukturen. So, wenn es bei Eiweißen die Bildung von gestreckten Schlaufen, Zinkfinger genannt, ermöglicht, die die Genablesung regulieren. Oder wenn es hilft, Insulin zu speichern.

„Sie rätseln immer weiter: Vergiftung durch Blei oder Botulinus? Scorbut? Zinkmangel?"

Sieben bis zehn Milligramm Zink benötigt ein Mensch pro Tag. Speichern kann unser Körper das Spurenelement leider nicht. Die besten zinkreichen Nahrungsmittel sind tierischen Ursprungs, vor allem Fleisch. Bei pflanzlichen Nahrungsmitteln, etwa bei Vollkornprodukten, erschwert die darin enthaltene Phytinsäure die Zinkaufnahme im Darm. Doch Zink ist nicht nur für einen reibungslosen Ablauf unseres Stoffwechsels und der Genregulation notwendig.

Es hat auch gewichtige Funktionen bei der Immunabwehr. Obwohl dabei noch sehr viele Fragen offen sind, ist heute schon klar, dass das sowohl für die angeborene, unspezifische als auch für die zu erwerbende, spezifische Immunabwehr gilt.

Mit hoher Wahrscheinlichkeit kann Zink den Verlauf von Erkältungen beeinflussen. Eine im Fachblatt *British Journal of Clinical Pharmacology* (DOI: 10.1111/bcp.13057) veröffentlichte Metastudie legt nahe, dass Zinktabletten, innerhalb von 24 Stunden nach Einsetzen der ersten Symptome gelutscht, die Dauer der Erkrankung um durchschnittlich drei Tage verkürzen können.

Aufgrund der Analysenergebnisse von Daumen- und Zehennagel postulierte Christensens Team, dass ein schwerer Zinkmangel die Expeditionsteilnehmer ereilt habe, in dessen Folge sich Krankheiten wie Lungenentzündung und Tuberkulose ausbreiteten und das Schicksal der Mannschaften besiegelten.

Ist damit das 170 Jahre alte Rätsel gelöst?

Vorerst ist der Zinkmangel wohl nur eine weitere interessante und plausible Hypothese zum Scheitern der Franklin-Expedition.

Iris Rapoport

Wer zu spät kommt ...

04.02.17

Selen, genauer: die selenhaltige Aminosäure Selenocystein, ist in der Evolution offensichtlich zu spät gekommen. Und wurde für ihre Verspätung tatsächlich bestraft. Obwohl unverzichtbarer Baustein vieler Proteine, bekam Selenocystein keinen Platz im genetischen Code.

Dieser Code verschlüsselt die Baupläne der Proteine in der DNA (Desoxyribonukleinsäure). Jeweils ein Basen-Triplett, auch Codon genannt, steht für eine Aminosäure. Selenocystein hat kein einziges abbekommen.

Alle 64 möglichen Codons wurden entweder auf die anderen 20 proteinbildenden Aminosäuren verteilt oder sie dienen als Signal zum Synthesestopp.

Viele Aminosäuren sind mehrfach codiert. Selenocystein fehlt anscheinend deshalb, weil es zur Lebensentstehung nicht notwendig war. Gebraucht wurde die Aminosäure erst, als Cyanobakterien anfingen, Sauerstoff zu produzieren.

Vermutlich wurde durch den Sauerstoff fast das gesamte existierende Leben vernichtet. Selenhaltige Proteine können vor aggressiven Sauerstoff-Radikalen schützen. So musste die Evolution für das plötzlich dringend gefragte Selenocystein eine Hintertür finden!

Zur Proteinsynthese dienen kleine Organellen in den Zellen, Ribosomen. Die Protein-Baupläne der DNA werden als RNA-Kopien (RNA: Ribonukleinsäure) zum Ribosom gebracht. Normalerweise dirigieren allein deren Tripletts die Abfolge der Aminosäuren. Soll Selenocystein eingebaut werden, erscheint ein vermeintliches Stopp-Signal.

Mit einem Trick zaubert die RNA daraus das fehlende Triplett! Wie eine Haarnadel gefaltet, stößt sie mit einem speziellen Bereich und unterstützt von Proteinen, dem Ribosom in die Seite. Als Folge verändern sich die chemischen Eigenschaften des Stopp-Signals.

Augenblicklich kann es ein eigens dafür gebildetes Selenocystein codieren und die Proteinsynthese läuft weiter.

Ein komplizierter, störanfälliger Prozess. Aber er lohnt sich. Selenocystein-Proteine sind unverzichtbar in unserem Bollwerk gegen »oxidativen Stress«. Etwa, wenn sie helfen, lebenszerstörendes Wasserstoffperoxid in Wasser umzuwandeln. Ein anderes Selenocystein-Enzym sorgt für die Bildung von aktivem Schilddrüsenhormon. Die Funktion vieler Selenproteine ist allerdings noch ungeklärt.

Selen wurde als Element vor fast 200 Jahren vom schwedischen Chemiker Jöns Jakob Berzelius entdeckt. Beim Verbrennen riecht es noch penetranter als Schwefel. Lange galt es ausschließlich als Gift. Erst in den 50er Jahren des vergangenen Jahrhunderts wurde seine Lebensnotwendigkeit erkannt.

Selen ist unverzichtbarer Bestandteil unserer Nahrung. Wir benötigen nur etwa 0,06 Milligramm pro Tag. Es ist in pflanzlicher und tierischer Kost enthalten. Doch der Selengehalt pflanzlicher Nahrung hängt stark vom Boden ab. Der ist in weiten Teilen Europas selenarm.

Deshalb sind Fisch, Fleisch und Eier in Deutschland deutlich bessere Quellen. Trotz geringer Spanne zwischen Mangel und Giftwirkung kann man bei normaler Mischkost kaum etwas falsch machen.

Der genetische Code ist praktisch für alle Lebewesen gleich und gilt als universell. Der für den Selenocystein-Einbau ist eine der wenigen Ausnahmen.

Iris Rapoport

Leben nach dem Tode?

Der Tod ist wohl eines der grundlegendsten Themen der menschlichen Existenz. Religionen, Mythen, die Philosophie und auch verschiedene Fachgebiete der Wissenschaften beschäftigen sich immer wieder mit dem Tod.

18.02.17

Vielen Menschen fällt es schwer, zu glauben, dass nach dem Tod nichts mehr kommen soll. Das schlägt sich auch in Mythen (und US-Horrorfilmen) wie denen von sogenannten Zombies nieder, scheinbar von den Toten wiederauferstandene Menschen.

Doch was geschieht tatsächlich nach dem Erlöschen der »Lebensgeister«? Biochemisch betrachtet, ist nicht schlagartig Schluss.

96 Stunden, nachdem 43 Zebrafische in einem US-Labor versehentlich erfroren sind, waren einige ihrer Zellen erstaunlicherweise noch am Leben. Tausende der Gene wurden immer noch abgelesen, wie Wissenschaftler Ende Januar im britischen Fachblatt *Royal Society Open Biology* (DOI: 10.1098/ rsob.160267) berichteten.

Gene sind bekanntlich auf den Riesenmolekülen der DNA im Zellkern gut geschützt untergebracht. Gene codieren für die zu produzierenden Proteine. Da diese jedoch im Zellplasma in den Ribosomen synthetisiert werden, werden kleine bewegliche Kopien der Mutter-DNA als Boten (engl.: *messenger*) produziert: mRNAs.

Bisher nahm man an, dass beim Tode eines Organismus in den Zellen buchstäblich sofort »das Licht ausgeht«. Falsch! »mRNA-Zombies« werden noch 96 Stunden nach dem Tode produziert. Warum, das ist noch unklar.

Also Leben nach dem Tode? Der Tod verläuft biochemisch offenbar stufenweise. Interessant für Kriminaltechniker, die bestimmen sollen, wann exakt der Exitus eintrat. Und vielleicht liegt hier auch der Schlüssel dafür, dass z.B.

Spenderlebern von Verstorbenen zuweilen Krebs im Empfänger des Transplantats entwickeln?

Die nun erforschte Zeit zwischen dem Tod des Organismus und dem aller Zellen bezeichnen die Forscher als »Zwielicht des Todes«. Alte Ideen erwachen da wieder: die Seele, die »Lebenskraft« (*vis vitalis*) im Mittelalter oder das *Shi* der Chinesen...

Der letzte Schrei der Biowissenschaften, die Quantenbiologie, versucht gerade, den Unterschied zwischen Leben und Tod mit Quantenmechanik zu erklären: Tunneleffekte, Verschränkung, Resonanzen.

Wenn es dem legendären Mitbegründer der Nanotechnologie, Richard Feynmann (1918-1988), in seinen überfüllten Vorlesungen ausnahmsweise einmal nicht gelang, einen Sachverhalt einem Studenten plausibel zu erklären, so suchte er den Fehler immer zunächst bei sich.

Sehr sympathisch!

Und Genius Feynman lehrte unter anderem auch seinen Studenten eine Schlüsselerkenntnis:

»Was ich nicht erzeugen kann, verstehe ich nicht.« Ergo verstehen wir Leben und Tod bisher immer nochnicht wirklich und sollten bei uns den Fehler finden...

Beim Tod wird – mechanisch gesprochen – offenbar nicht einfach eine Glühbirne ausgeknipst, sondern ein Supercomputer schrittweise heruntergefahren mit beständigen Sicherungskopien.

von Reinhard Renneberg

Bewegung tut gut

Sogar in unseren festgefügten Knochen ist alles in Bewegung und in ständigem Umbau begriffen. Es klingt paradox, aber gerade das sichert die Stabilität des Skeletts.

Knochengewebe ist, ähnlich wie Stahlbeton, ein »Verbundwerkstoff«. Doch es gibt gewichtige Unterschiede. Nicht nur, dass im Knochen nicht Kies und Kalk, sondern Apatitkristalle den Druck abfangen und anstelle von Stahl elastisches Kollagen die Zugkräfte aufnimmt. Nein, hauptsächlich weil unser Knochen aus lebendigem Gewebe besteht, das, von Blutgefäßen und Nerven durchzogen, ständig von Zellen durchwandert wird.

Genau diese Zellen bewirken an Millionen von Orten den stetigen Umbau. Der Abbau wird von Osteoklasten besorgt. Die setzen sich wie Saugnäpfe auf mineralisiertes Gewebe und pumpen Salzsäure in den abgeschotteten Raum. Das zerstört die Kristalle. Die Kollagenfasern werden von Enzymen gespalten. Wie Drillbohrer arbeiten sich die Osteoklasten voran.

Ihnen nachfolgend füllen Osteoblasten die Lücke zunächst mit verschiedenen Proteinen. So entsteht ein Geflecht, das für den Start der Mineralisierung und ein geordnetes Kristallwachstum notwendig ist. Natürlich sorgen die Osteoblasten auch für die Bereitstellung von Kalzium und Phosphat, den Hauptbestandteilen des Apatits. Haben sich neue Kristalle gebildet, werden nicht mehr benötigte Proteine abgebaut.

Ohne diesen ständigen Umbau wäre weder Wachstum noch Knochenheilung möglich. Und nur so kann die Kno-

„Der hält uns aber auf Trab!"

chenarchitektur optimal an die mechanischen Erfordernisse angepasst werden. *Remodeling* nennt man diesen Prozess. Etwa zehn Jahre, so schätzt man, dauert eine »Runderneuerung« unseres Skeletts.

Der Knochenstoffwechsel wird von etlichen Hormonen

reguliert. Vor allem durch das Zusammenwirken vom Parathormon der Nebenschilddrüse, dem Calcitonin der Schilddrüse und Vitamin D. Aber auch von den Sexualhormonen, die den Abbau hemmen.

Mit dem 30. Lebensjahr etwa wird die höchste Knochendichte erreicht. Schon ein paar Jahre später beginnt der Abbau zu überwiegen. Ein Prozess, der sich in der Menopause der Frau durch verringerte Östrogenbildung noch beschleunigt und letztlich Osteoporose befördert.

Wichtig also zu wissen, was die Knochenbildung begünstigt. Die Liste ist lang. Sie beginnt mit Kalzium, von dem wir täglich etwa ein Gramm benötigen. An Phosphat leiden wir keinen Mangel. Es ist eher ratsam, dessen Zufuhr zu drosseln, denn im Darm wirkt es schnell als Kalziumräuber!

Für die Bildung der Knochenmatrix ist eine ausreichende Eiweißversorgung wichtig. Die Kollagensynthese benötigt Vitamin C. Unverzichtbar ist auch Vitamin D, das nicht nur den Knochenstoffwechsel, sondern auch die Kalziumaufnahme im Darm steuert. Zusammen mit Vitamin K sorgt es gleichzeitig dafür, dass nicht an falscher Stelle »Verkalkung« droht.

Ein wichtiger Stimulus ist schließlich, dass wir uns ausreichend bewegen – denn mechanischer Reiz fördert nachweislich nicht nur Knochenumbau, er erhöht auch die Mineraliendichte – und Lebensfreude...

Iris Rapoport

Gewöhnlich führt Man-
gan ein eher unbeach-
tetes Dasein. Das ist
erstaunlich, denn es ist
an vielen zentralen
biologischen Prozessen beteiligt. So wird bei einigen Viren
durch ein manganhaltiges Enzym etwas lange für unmög-
lich Gehaltenes möglich:

Mauerblümchen Mangan

18.03.17

Von einem einsträngigen RNA-Molekül ausgehend, wird
ein DNA-Doppelstrang synthetisiert. Erst dadurch können
Viren mit RNA-Genen ihre Erbinformation in Wirtszellen
einschmuggeln. Das Aids-Virus gehört zu diesem hinterlisti-
gen Typ.

Mangan mischt auch da mit, wo durch das Einfangen
von Sonnenlicht die energetische Grundlage allen Lebens
entsteht. Es sitzt inmitten des Zentrums der Fotosynthese.
Nur durch diesen Prozess können Pflanzen die unglaublich
vielen Verbindungen synthetisieren, auf denen über den
Umweg der Nahrungsketten auch unsere Existenz beruht.
Und als Nebenprodukt liefert die Fotosynthese den lebenswichtigen Sauerstoff.

Doch auch beim Vergehen trifft man Mangan. Das Bin-
demittel des Holzes, Lignin, kann von Mikroorganismen nur
dank manganhaltiger Enzyme abgebaut werden.

Anders gesagt: Die stolzeste Höhe jedes Kleingartens –
der Komposthaufen – reckte sich ohne Mangan nutzlos zum
Himmel!

Als Spurenelement ist das Schwermetall für viele Stoff-
wechsel-Enzyme des Menschen unverzichtbar. Auch für die
Knochenbildung ist es eminent wichtig. Und selbst die Blut-
zuckerregulation und nicht zuletzt unser Gehirn brauchen

„Hier bin ich Mensch, Mangan läßt's mich sein!"

(c) em

für ein ungestörtes Funktionieren Mangan. Vielleicht liegt sein Mauerblümchendasein ja einfach nur daran, dass es bei Mangan praktisch keinen ernährungsbedingten Mangel gibt.

Genauso wenig droht bei normaler Ernährung eine Überdosierung – und das, obwohl die Spanne zwischen dem, was uns frommt, und dem, was uns schadet, außerordentlich klein ist!

Vermutlich sichert selbst eine einseitige Kost eine angemessene Zufuhr, denn ein wenig Mangan ist fast überall enthalten. Die reichhaltigsten Quellen finden sich in pflanzlicher Nahrung, in Nüssen etwa oder Getreide.

Bei vielen Nahrungsbestandteilen wurden die Empfehlungen wieder und wieder verändert. Nicht beim Mangan. Da gilt konstant seit Jahrzehnten, dass wir pro Tag etwa zwei Milligramm benötigen. Für Mangan ist kein Speicherprotein bekannt. Dafür existiert ein intensiver Kreislauf zwischen Leber und Darm, der, je nach Bedarf, verstärkte Ausscheidung oder Rückhalt ermöglicht. So bereitet Mangan uns keine Probleme.

Von einer Zufuhr als Nahrungsergänzungsmittel ist abzuraten. Nicht nur, weil dafür kein Nutzen nachweisbar ist. Vielmehr deshalb, weil wegen der kleinen Spanne bis zur Grenze der täglich tolerierbaren Zufuhr eher eine Giftwirkung zu befürchten ist.

Denn Mangan kann zwar nicht gespeichert werden, sich aber durchaus anreichern. Das tut es bevorzugt im Gehirn. Deshalb wirken stetig zu hohe Dosen gerade dort schädigend. Es wird vermutet, dass es dabei Erkrankungen wie Parkinson oder Alzheimer begünstigen kann.

Iris Rapoport

Fleischfressende Blume verdaut Pflanzengluten

01.04.17

Wenn meine Frau am Vorabend »normales« Brot gegessen hat, verkleben am nächsten Morgen ihre ansonsten strahlenden blaugrünen Augen. Schuld ist ein wichtiger Getreidebestandteil: Gluten.

Menschen mit Zöliakie leiden an heftigen Bauchschmerzen und schädigen den Darmtrakt durch dieses »Klebereiweiß« Gluten. Dieses besonders in Weizen enthaltene Eiweiß ist wichtig für den Bäcker, weil es den Teig zusammenhält. Besonders hoch ist der Glutenanteil im Hartweizen der Nudeln. 15 Prozent der Aminosäuren des Glutens sind Prolin. Diese Aminosäure kann durch Pepsin im Menschenmagen nicht abgespalten werden. Prolin stabilisiert Eiweiße.

Der Protein-Chemiker David Schriemer von der kanadischen Universität Calgary hat eine 15-jährige Nichte, die an Zöliakie leidet. Er suchte auch beruflich nach Enzymen, die Proteine abbauen, also Proteasen. Im flüssigen Verdauungssekret von Kannenpflanzen (*Nepenthes ventrata*) wurde Schriemer fündig: Dort gibt es gleich drei superaktive Proteasen. Das war zunächst nicht verwunderlich, sind Nepenthes doch berühmt dafür, Fliegen in ihre Fallen zu locken und dort zu verdauen.

In jedem Blumengeschäft Hongkongs kann man die dekorativen Pflanzen mit je etwa einem Dutzend der vasenförmigen »Fliegenfallen« kaufen. Sie müssen aber auch gut mit Insekten gefüttert werden, ein Problem für den Hobby-Gärtner! David Schriemer besorgte sich als erstes hundert Kannenpflanzen mit je 10 bis 20 Kannen.

Ein netter Kollege lieferte ihm »überschüssige« Fruchtfliegen aus seinem *Drosophila*-Labor zur wöchentlichen Fütterung der schier unersättlichen Pflanzen.

In sechs Monaten sammelte Schriemer immerhin sechs Liter des Sekretionssaftes, ausreichend für seine Untersuchungen. Das Erstaunliche an den Nepenthes-Proteasen ist, dass sie prolinhaltige Eiweiße perfekt abbauen. Ein Wunder der Evolution! Versuche mit Gluten aus Weizenmehl zeigten sehr gute Abbauraten, wie Schriemer im Fachblatt *Journal of Proteome Research* (DOI: 10.1021/acs.jproteome.6b00224) schreibt.

Der Wissenschaftler arbeitet gegenwärtig an Enzym-Varianten, die dann im Bioreaktor durch genveränderte Bakterien im Großmaßstab produziert werden sollen. Es ist also noch ein weiter Weg bis zur Pille für Zöliakie-Patienten zu gehen, aber der erste Schritt ist immerhin getan! Weitere fleischfressende Pflanzen werden untersucht.

Als begeisterter Biotechnologe liebe ich Handversuche. Langjährige Biolumne-Leser wissen, wie ich meinen eigenen Herzinfarkt zur Prüfung meines selbst entwickelten Infarkttests genutzt habe.

Ich werde also gleich mal meine Frau fragen, ob sie heute Abend Gluten-Brot essen und danach versuchsweise einen Schluck aus der Kannenpflanze nehmen würde. Die in den Kannen schwimmenden unverdauten Fliegen würde ich natürlich vorher abfiltern …

von Reinhard Renneberg

Hasen haben es gut

Hasenzähne wachsen ein Leben lang. Beim Menschen hingegen verlieren mit dem Durchbruch der Zähne die zahnbildenden Zellen ihre Funktion. Jene, die den Schmelz liefern, gehen sogar gänzlich verloren. Die Folgen sind den meisten von uns schmerzlich bekannt. Löcher in unseren Kauwerkzeugen können nicht heilen.

Drei Hartgewebe finden sich in unseren Zähnen: Schmelz, Dentin und Zement. So wie beim Knochen wird auch bei der Zahnbildung zuerst eine Matrix aus Proteinen erzeugt. Die sichert ein geordnetes Wachstum von Apatit-kristallen aus Kalzium und Phosphat.

Zwei der mineralisierten Gewebe sind dem Knochen sehr ähnlich: Das Dentin, das sich von der Krone bis in die Zahnwurzeln erstreckt, und der Zement, der die Zähne im Kieferknochen verankert. In beiden bilden Kristalle und Kollagen ein zug- und druckfestes Geflecht.

Doch der Kaudruck erfordert eine noch größere Härte. Deshalb werden bei der Schmelzreifung nicht nur die Zellen, sondern auch die Proteine entsorgt. So entsteht ein Zahnkronen-Schutzschild aus fast rein anorganischem Mineral.

Ohne zellgesteuerte Neubildung unterliegt das nun allein den Gesetzen der unbelebten Natur. Ständig werden Kristalle an der Schmelzoberfläche aufgelöst und neue werden gebildet. Im Idealfall stellt sich ein Gleichgewicht ein. Doch das kann leicht gestört werden! Etwa durch Säuren, enthalten in Cola, Säften und Obst. Jede Säure begünstigt das Auflösen! Erosion nennt man diesen Prozess, der den

„Vielleicht doch nicht so viel Süßes?"

(c) em
nach
G. Schmitz

Schmelz großflächig schädigen kann. Für begrenzten Schutz sorgt unser Speichel, der Säuren abpuffert und die Kristallbildung fördert.

Ein wichtiger Vorgang, den man nach einer Mahlzeit nicht durch zu eiliges Putzen stören sollte!

Säuren begünstigen zwar Karies, doch diese Geißel der Menschheit ist mehr. Karies ist eine bakteriell verursachte Krankheit. Auslöser sind eigentlich harmlose Bewohner unserer Mundhöhle, etwa der *Streptococcus mutans*. Erst durch viel Zucker wird der Mikroorganismus aggressiv.

Dabei ist der Zucker – ein Disaccharid aus Glucose und Fructose – für sich genommen harmlos.

Streptokokken verknüpfen seine Glucose allerdings zu riesigen Molekülen, Dextrane genannt. Die sind so klebrig, dass die Bakterien mit ihnen am Schmelz festhaften und durch dicken Zahnbelag regelrecht eingemauert werden. Jetzt wird es gefährlich! Ohne Sauerstoffzufuhr ändert sich der Stoffwechsel der Bakterien dramatisch. Sie bilden aus dem restlichen Zucker Säuren – und das direkt auf der Schmelzoberfläche!

Kein Wunder, dass da Kristalle zerbröseln und Löcher entstehen. Durch diese wandern die Bakterien bis tief in die Dentinschicht hinein. Und oft über die Schmerzgrenze hinaus.

Auch wenn es in Zukunft gelänge, die dentinbildenden Zellen im Zahninnern zur Reparatur zu aktivieren (wie an Mäusezahnzellen kürzlich gezeigt und in dieser Zeitung berichtet (*Scientific Reports*, DOI: 10.1038/srep39654), wäre der Horror beim Zahnarzt für uns nicht vorbei.

Einen morschen Zahn müsste man weiterhin bohren und den versiegelnden Schmelz durch Fremdmaterial ersetzen.

Hasen haben es wirklich besser.

Iris Rapoport

Trump und die Chemie-Mond-landung

06.05.17

Nun hat es Donald Trump auch in die Biolumne geschafft! Bekanntlich ist er kein rechter Fan von Allgemeinwissen, Fakten und schon gar nicht der Wissenschaft.

Das Budget für den Leuchtturm der US-Forschung, das National Institute of Health (NIH), wird 2018 um dramatische 18 Prozent gesenkt. Chinesische Wissenschaftler strömen nun in Scharen zurück in das »chinesische Mutterland« (Mainland) und zu uns nach Hongkong.

Thanks, Mr. President!

Biologen und Physiker hatten schon vor Trump ihre Prestigeprojekte: Das Human-Genom-Projekt mit 2,7 Milliarden Dollar Kosten ist abgeschlossen und die Physiker fanden für 13,25 Milliarden die mysteriösen Higgs-Bosonen.

Ausgerechnet jetzt wollen die zu spät gekommenen Chemiker auch ihr Großprojekt. Es sind immerhin rund hunderttausend organische Naturprodukte bekannt, die von irdischen Mikroben, Pflanzen oder Tieren erzeugt werden.

Professor Martin Burke von der Universität von Illinois in Urbana schlug gerade unter großem Jubel der Chemiker vor, die meisten dieser organischen Natursubstanzen im Labor zu synthetisieren. Eine »bescheidene« Milliarde Dollar würde das kosten und 20 Jahre dauern. Die Idee ist, mit 5000 verschiedenen Bausteinen etwa 75 Prozent der interessanten Naturstoffe mit einem neuen, von Burke und einigen Kollegen vor zwei Jahren vorgestellten Verfahren auf chemischem Wege zu synthetisieren. Burkes System setzt die Substanzen aus einer Art reaktiver chemischer Lego-Bausteine im Automaten zusammen.

Ein Beispiel: Die Bryostatine sind seit 1976 bekannt und wirken gegen Alzheimer und AIDS.

Der Haken: Um mickrige 18 Gramm Bryostatin-1 zu isolieren, mussten 14 Tonnen der im Meer lebenden Moostierchen verarbeitet werden. Goldstaub! Der gigantische Aufwand – und die Dezimierung der Organismen mit den gewünschten Substanzen – würde mit der chemischen Herstellung entfallen. Außerdem könnten auch solche Stoffe synthetisiert und getestet werden, die es so in der Natur gar nicht gibt, neue Antibiotika zum Beispiel gegen resistente Bakterien.

Der Biolumnist RR, selbst Chemiker, ist weniger begeistert vom Etikett »Chemische Mondlandung« für das Projekt.

Er sah die zwei Milliarden Dollar kostende Mondlandung an seinem 18. Geburtstag, auf dem Höhepunkt des Kalten Krieges in Halle-Neustadt und war wie die meisten der 500 Millionen Fernsehzuschauer fasziniert. Am nächsten Morgen fragte ihn der alte Parteisekretär der Baustelle:

»Na, Reinhard, gestern auch den teuersten Trickfilm aller Zeiten gesehen?« Er hatte vielleicht Recht?

Überdies sind gerade solche »Mondlandungen« stark von den politischen Konjunkturen abhängig. So steht das Schicksal der erst im vergangenen Jahr vom damaligen Präsident Barack Obama gestarteten »Cancer Moonshot Initiative« zur Krebsforschung mit den massiven Kürzungen der Trump-Regierung im NIH-Haushalt nun wohl schon wieder auf der Kippe.

von Reinhard Renneberg

Fluorid statt Karies

Fluorid findet sich überall in der Umwelt – selbst in der Luft. In Spuren ist es in vielen Nahrungsmitteln und sogar in der Muttermilch enthalten. Eine der üppigsten Quellen ist schwarzer Tee. Der Gehalt im Trinkwasser schwankt regional stark.

27.05.17

Schon zu Beginn des letzten Jahrhunderts war aufgefallen, dass in manchen Gebieten alle Menschen an Karies litten, in anderen dagegen nur wenige. Deren Zähne waren dafür oft fleckig. Dass in beiden Fällen der Fluoridgehalt des Trinkwassers die Ursache war, erkannte man erst Jahrzehnte später.

So hatte die Natur selbst die Befunde geliefert, die in Studien zu erheben sich aus ethischen Gründen verboten hätte. Ausgehend von der Analyse der Daten wurde vor über 70 Jahren erstmals in Grand Rapids (US-Bundesstaat Michigan) dem Trinkwasser Fluorid zugefügt. Der Erfolg war überzeugend. Etwa 25 Länder, darunter die DDR, folgten dieser Initiative.

Die WHO empfiehlt einen Zusatz von 0,5 bis 1,2 Milligramm pro Liter Trinkwasser. Die Bundesrepublik hat einen anderen Weg beschritten. Es wird, neben guter Zahnpflege, auf Fluorid-Zusatz zu Zahnpasten und Kochsalz gesetzt. So gehört auch Deutschland in der Zahngesundheit weltweit zur Spitze. 81 Prozent der heute Zwölfjährigen, so wies es die 5. Deutsche Mundgesundheitsstudie 2016 aus, sind kariesfrei.

Schaut man genauer hin, zeigt sich der Pferdefuß der bundesdeutschen Variante.

„So ein kleiner Zahn und soviel Prophylaxe."

(c) em

Unter den restlichen 19 Prozent finden sich gehäuft sozial und ökonomisch Benachteiligte.

Fluorid kann in die Apatite der harten Zahngewebe eingebaut werden. Solche Fluorapatite kristallisieren besser.

Das ist schon bei der Zahnbildung wichtig. Zudem macht Fluorid diese Phosphate viel widerstandsfähiger gegen Säuren. Das Fluorid-Ion reichert sich beim ständigen Wechsel von De- und Remineralisierung im äußeren Schmelz an. Dabei kann das Fluorid sowohl aus dem Speichel als auch aus der Zahnpflege stammen. Nun wirkt der Schmelz bei den Attacken der Kariesbakterien wie ein Schutzschild!

Nur ein fluorapatithaltiges Kristallgefüge kann den Belastungen durch unsere von reichlich Zucker und Säuren geprägten Essgewohnheiten gut widerstehen! Verständlich, dass dazu eine lebenslange Fluoridzufuhr notwendig ist.

Bleibt zu ergänzen, dass Fluorid möglicherweise auch das Wachstum der Kariesbakterien hemmt.

Doch wie so oft ist die Spanne zwischen Nutzen und Schaden klein. Deshalb muss in manchen Gegenden bei der Trinkwasseraufbereitung Fluorid sogar reduziert werden. Zuviel davon schädigt die zahnbildenden Zellen. Das führt zu weiß- bis braunfleckigen Zähnen und wird Zahnfluorose genannt.

Bei einigen Kindern verursacht bereits eine Fluoridzufuhr, die mit hoher Wahrscheinlichkeit Karies verhindert, eine leichte Fluorose. Doch deren meist kaum sichtbare weiße Flecken gefährden die Zähne nicht.

Vielleicht ist Fluorid nicht lebensnotwendig. Aber durch Fluorid lässt sich gegen die häufigste Zivilisationskrankheit – Karies – vorbeugen.

Iris Rapoport und Viola Berkling

Wer CRISPRt an mei'm Häuschen?

Nach der ersten Euphorie kommt im Leben meist eine Phase der Ernüchterung, manchmal schmerzhaft, aber

10.06.17

oft sehr heilsam. Vielleicht ist das ein Trick der Evolution für unser Überleben.

CRISPR/Cas9 schien nach den ersten Veröffentlichungen die Gentechnik-Wunderwaffe. Großer Jubel allerorten! Der Biolumnist begrüßte eine der entscheidenden Forscherinnen, Emmanuelle Charpentier, begeistert in Hongkong. Seine Universität HKUST wird sie im November zur Ehrendoktorin küren.

Das »neue charmante Gesicht der Biotechnologie« ist heute Co-Direktorin am Max-Planck-Instituts für Infektionsbiologie in Berlin (bravo, ein Hauptgewinn für die Hauptstadt!). Fehlt eigentlich nur noch der Nobelpreis.

Die molekularen CRISPR-Genscheren erlauben erstmals präzise Veränderungen an jeder gewünschten Stelle der DNA. Wie es anfangs schien, ohne störende Nebenwirkungen an anderen Orten des Erbguts. Doch in der ersten Euphorie hat man wohl einfach nicht genau genug hingesehen.

Im Fachblatt *Nature Methods* publizierten gerade Stephen Tsang vom Columbia University Medical Center und seine Kollegen Genvergleiche von mit CRISPR/Cas9 behandelten Mäusen vor und nach der Behandlung. Ihre ernüchternde Erkenntnis: CRISPR/Cas9 produziert, zumindest in Einzelfällen, viele bisher unbeachtete minimale, möglicherweise tödliche Veränderungen im Erbgut.

In vorangegangenen Studien hatten man offenbar aus Effizienzgründen nicht alle denkbaren Erbgutabschnitte nach

dem Einsatz von CRISPR auf Veränderungen kontrolliert. Tsang und sein Team haben das nun nachgeholt. Sie sequenzierten das gesamte Erbgut von Versuchsmäusen vor und nach einem CRISPR-Einsatz. Es wurde ein für Erblindung verantwortliches Gen ausgetauscht.

Tatsächlich funktionierte der Austausch des Zielabschnittes planmäßig. Aber zumindest bei zwei Tieren fielen zusätzlich 1500 scheinbar zufällig verstreute Einzelmutationen und rund 100 größere Erbgut-Ummodellierungen auf. Sie fanden sich alle an Stellen, die der gängige Computersicherheits-Check nicht als gefährdete Region prognostiziert hatte. Das gibt zu denken.

Vor weiteren Experimenten am Menschen, wie sie z. B. in China geplant sind, sollte CRISPR/Cas9 unbedingt noch besser erforscht werden, raten die besorgten Forscher. Es sei zumindest angeraten, immer das gesamte Genom auf mögliche weitere Mutationen hin abzusuchen.

An der US-Technologie-Börse NASDAQ sanken nach dem *Nature*-Artikel erwartungsgemäß sofort die Aktienwerte von CRISPR-Unternehmen: Editas Medicine Inc. um 12 Prozent, Intellia Therapeutics Inc. verlor 14 Prozent und CRISPRTherapeutics AG fiel um ca. 5 Prozent. Die finanztechnischen Aspekte sind leider böhmische Dörfer für mich.

Ich will das aber noch verstehen lernen, sinnvollerweise bevor das westliche Finanzsystem endgültig zusammenkracht ...

Reinhard Renneberg

Wenn's ums Essen geht, tauchen immer wieder bizarre Mythen auf und verderben den Appetit. Die Irrationalität ist in der Welt. Tatsächlich sind wir bei der Ernährung auch schon längst im »Postfaktischen« angekommen.

Das Strafgericht

24.06.17

Beispiel Gluten: Normale Getreideprodukte aller Art, selbst Nudeln und Bier, enthalten Gluten. Auch mit Dinkel kann man ihm nicht entkommen. Dort ist Gluten genauso enthalten wie in Backwaren aus Weizen, Roggen oder Gerste. Etwa fünf Prozent der Bevölkerung in unserem Lande sind von Zöliakie, Glutenallergie oder Glutensensitivität betroffen. Für die restlichen 95 Prozent gibt es keinen Grund, glutenhaltige Nahrungsmittel zu meiden. Für sie bedeutet »glutenfrei« nicht notwendigerweise gesünder. Von Gluten befreite Nahrungsmittel haben oft mehr Fett, mehr Zucker, mehr Chemie und sind meist viel teurer.

Schlimmer noch – bei Herzerkrankungen beraubt man sich möglicherweise sogar eines Schutzes, wie ein Team um Andrew T. Chan von der Harvard Medical School unlängst fand (DOI: 10.1136/bmj.j1892).

Ein von Natur aus glutenfreies Nahrungsmittel ist Milch. Doch auch der Milch ergeht es nicht besser: Da gibt es den Mythos, sie sei ein Kalziumräuber. Korrekt bilanziert zeigt sich das Gegenteil. Milch ist und bleibt ein exzellenter Kalziumlieferant.

Andere Mythen entspringen dem Irrtum, jeder nachweisbare schädliche Stoff in unserer Kost schade uns auch zwangsläufig. Dabei wird ignoriert, dass das immer eine Frage der Menge ist.

(c) em

Schädliches ist in fast allem enthalten. Kein Wunder, schließlich ist nichts von dem, was wir, dem Säuglingsalter entwachsen, verzehren, von der Natur für unsere Bedürfnisse erzeugt – weder das Vitamine spendende Obst noch der Omega-3-Fettsäuren liefernde Fisch. So finden sich im gepriesenen Seefisch zugleich giftige Schwermetalle und im Obst die oft schlecht verträgliche Fructose.

Spinat, Mangold oder Süßkartoffeln enthalten Nierenstein förderndes Oxalat. Zucker liefert nur »leere« Kalorien, von Karies ganz zu schweigen.

Nicht zu vergessen, dass prinzipiell jedes Fremdeiweiß Allergien auslösen kann. Und erinnern Sie sich? Die Warnung vor Krebs erzeugendem Acryl im Knäckebrot oder die gleiche Drohung wegen des Zimts im Weihnachtsgebäck?

Selbst im heilsamen Kamillentee sind gewiss nicht alle sekundären Pflanzenstoffe unserer Gesundheit förderlich. Der Beispiele gibt es noch viele.

Keine Frage, dass es bei bestehender oder drohender Erkrankung den einen oder anderen Stoff zu vermeiden gilt. Doch genauso, wie wohl kein Gesunder auf den Gedanken kommt, die Medizin eines Kranken zu schlucken, so ist es unangebracht, dessen Ernährungsregime blindlings zu folgen.

Ja, die Irrationalität ist Teil unserer Welt. Und neue Ideen haben oft einen besonderen Reiz. Doch eines vorbeiwehenden Mythos wegen alle seit Jahrtausenden gesammelten und heute oft wissenschaftlich untermauerten Erfahrungen zu verwerfen, ist konträr zu dem, was uns bei der Ernährung eigentlich treiben sollte: sinn- und lustvolle Bedürfnisbefriedigung.

Lassen wir uns die Freude am Essen nicht nehmen!

Iris Rapoport

Gezähmtes Kalzium

Ganze Gebirge aus Kalk sind mit ihren Fossilien steinerne Zeugen der biologischen Bedeutung des Kalziums von Urzeiten her. Auch der Mensch trägt mit einem Kilo Apatit viel schwer lösliches Kalziumsalz mit sich herum. Dessen unzählige winzige Kristalle verleihen Knochen und Zähnen Stabilität.

08.07.17

Doch das Metall kann weit mehr! In den Körperflüssigkeiten gelöst, erfüllen freie Kalziumionen unglaublich viele Funktionen. Das gilt bereits für das Blut. In dem wird es beileibe nicht nur transportiert. Im Notfall aktiviert es die Blutgerinnung. Auch sichert es die Stabilität von Nerven- und Muskelzellen.

Verglichen mit dem Kilo Kalzium in den Kristallen, scheint ein Gramm im Blut sehr wenig. Doch gemessen an der schlechten Löslichkeit von Apatit ist dies extrem viel. So viel, dass es sofort auskristallisieren könnte. Das birgt Gefahren und ist dennoch unverzichtbar für uns. Anders wäre weder Knochen- noch Zahnbildung möglich. Auch der an Mineralien übersättigte Speichel wird aus dem Blutplasma gespeist. Eine besser remineralisierend wirkende Zahnspülung gibt es nicht!

Doch Kristalle im Blutstrom? Das wäre nicht mit dem Leben vereinbar! Die Schutzmechanismen sind vielfältig und nicht völlig geklärt. Eine Bildung löslicher Komplexe trägt dazu bei. Die größte Gefahr lauert an den Gefäßwänden. Dort bilden sich Kristalle besonders leicht. Deshalb werden hier viele kleine Schutzproteine synthetisiert. Sie alle bedürfen einer Aktivierung durch Vitamin K. Eines wird

Eiger Mönch Jungfrau

„Die Berge sind erst der Anfang. Mit Kalzium habe ich noch Großes vor."

Kalk

(c) em nach E. Nolde

Matrix Gla Protein genannt. Es ist nach heutigem Wissen der wichtigste Schutz gegen »Arterienverkalkung« (DOI: 10.3945/ an.111.001628).

Kein anderes Ion im Blut wird so präzise reguliert wie Kalzium. Jeder Zustrom oder Mangel wird durch ein hormonell kontrolliertes Zusammenspiel von Darm, Knochen und Nieren sofort austariert. Der Darm reguliert die Aufnahme. Die Knochen dienen – je nach Bedarf – als Speicher oder als Quelle. Die Nieren regeln die Ausscheidung. So müssen wir nicht fürchten, dass Kalzium im Blut mit jedem Glas Milch in gefährliche Höhen schnellt. Schon eher wird sein Spiegel durch eine ausreichende Zufuhr von Vitamin D oder K bestimmt.

Gleichzeitig ist es vergebliches Hoffen, dass eine geringere Zufuhr als das von der Deutschen Gesellschaft für Ernährung empfohlene tägliche Gramm vor »Verkalkung« schützt. Jeder Mangel hingegen zehrt an den Knochen und befördert langfristig Osteoporose.

Die Sicherung einer konstant hohen Konzentration im Blut hat Priorität! Auch weil Kalzium ein wichtiger Botenstoff bei der Aktivierung von Zellen ist. Seine Konzentration im Zellinnern ist 10 000-fach geringer als im Blut.

So wirkt jeder Einstrom von Kalzium blitzartig als Signal. Faszinierend, was dadurch in der Evolution möglich wurde: Muskelkontraktion wird so gesteuert. Drüsen werden zur Hormonausschüttung, etwa des Insulins, angeregt; Nerven zur Ausschüttung von Neurotransmittern. Der Stoffwechsel wird reguliert. Kalzium kann wahrlich weit mehr, als manchmal fossile Spuren zu hinterlassen.

Iris Rapoport

Vor sage und schreibe 25 Jahren betrat Biolumnist RR erstmals Hongkonger Boden. Nun verschenkt er seine Bücher, Geschirr, Palmen und Chemikalien: hohe Zeit, Jüngeren Platz zu machen ...

Bye-bye, my love Fodai

22.06.17

Er ist nun silberhaariger Professor emeritus und wohl dienstältester deutscher Prof in Asien ...

Langjährige treue Biolumnen-Leser haben Höhen und Tiefen seiner Arbeit mitverfolgt: Es begann 1995, RR damals noch dunkelblond, mit dem schnellsten Herzinfarkt-Test der Welt (ND vom 4.12.2004).

An der gerade eröffneten Hong Kong University of Science and Technology (HKUST, *www.ust.hk*), auf Kantonesisch »Fodai«, entwickelte er gemeinsam mit dem in Maastricht forschenden Jan Glatz und der Firma biognostic in Berlin-Buch einen Immuno-Schnelltest.

Der zeigt mit drei Tropfen Blut minutenschnell das sogenannte Fettsäure-Bindungsprotein FABP im Blut an, das nach einem Herzinfarkt von geschädigten Herzmuskelzellen freigesetzt wird.

Der Test wird in China produziert, sicher ein Grund für RR's erste graue Haare. Qualität statt Quantität!

Im Jahre 2004 dann eine Sternstunde seiner Forscher-Laufbahn, wenn auch ein Tiefpunkt seines Lebens: Der selbst entwickelte Infarkttest ließ ihn einen Herzinfarkt rechtzeitig erkennen und damit auch überleben.

Das chinesische Fernsehen dramatisierte begeistert den Selbstversuch (zu sehen auf youtube: *https://www.you-tube.com/ watch?v=Hyq-OM4OZR4*).

»Finde die Nadel im Heuhaufen!«, war ein anderes Projekt (ND vom 10.1.2009), das gemeinsam mit Frank Caruso vom MPI für Kolloide in Potsdam (inzwischen Prof an der University of Melbourne in Australien) und Dieter Trau (heute Prof in Singapur) gestartet wurde: Nanokristalle von

Fluoreszenzfarbstoffen werden dabei als Marker für Immunreaktionen und die Bindung von DNA genutzt. Sie leuchten erst nach Zugabe einer »Entwickler-Lösung« und verstärken schwache Signale um das Hunderttausendfache. Das System hatten wir deshalb *SuperNova* getauft. Die Firma Jupiter in London will die *SuperNova* bis Ende 2018 auf den Markt bringen. Die Biolumne wird natürlich berichten!

Aller guten Dinge sind drei: Der neue Test *ViBac* erlaubt, minutenschnell festzustellen, ob ein Patient eine Virus- oder aber eine Bakterieninfektion hat. Der massive Antibiotika-Missbrauch nicht nur in Asien könnte mit Hilfe dieses Tests gestoppt werden.

Besser noch: Ein völlig neues Virus, das vielleicht wieder aus Südchina kommen wird, könnte schon an der Grenze Hongkongs detektiert werden. Wahrhaft lebensrettend!

Was noch? Etwa 10 000 Studenten in 22 Jahren ausgebildet, den Cartoonisten Ming Fai Chow für das ND entdeckt.

Nun also der Ruhestand ... Ein Ruf an das Management Center Innsbruck, wo RR unternehmerisch denkende Ingenieure unterrichtet, die neue Firma Bio-Trick in Hongkong, die 5. Auflage des Lehrbuchs *Biotech für Einsteiger* und nicht zuletzt die Biolumne ...

Kinder und Kindeskinder werden ihn wohl zum »Unruhe-Stand« machen ...

Danke, liebe Leser, und bleiben Sie der Biolumne treu!

Reinhard Renneberg

Warum gerade Wasser?

Meist sind wir uns der höchst erstaunlichen Eigenschaften des Wassers wohl gar nicht bewusst. Schon, dass so ein winziges Molekül flüssig ist, sollte verwundern. Wäre da nur seine Größe, müsste Wasser gasförmig sein. Wie Schwefelwasserstoff oder andere vergleichbare Verbindungen, die auch bei Temperaturen weit unter Null Grad Celsius nicht flüssig werden.

Des Rätsels Lösung ist einfach. Der Sauerstoff zieht die Elektronen, die ihn mit den zwei Wasserstoffatomen verbinden, zu sich heran. Deshalb sind alle Wassermoleküle Dipole. Die haften aneinander wie kleine Magneten. Dadurch ist Wasser flüssig. Über sogenannte Wasserstoffbrücken bilden sich dreidimensionale Netze, *Cluster* genannt. Jeder *Cluster* existiert nur für den Bruchteil einer Sekunde. Doch im ewigen Tanz verbinden die Wassermoleküle sich immer neu.

So einzigartig das ist, so einzigartig sind die Eigenschaften des Wassers. Darunter jene, die unser Leben ermöglichen. Nur Wasser kann die unzähligen Stoffe lösen, die dazu notwendig sind:

Salze, kleine organische Moleküle, Nukleinsäuren und Proteine. Alle Ionen werden von den Wasserdipolen umhüllt und voneinander getrennt. So können sie sich unabhängig bewegen. Das gilt auch für die riesigen Ionen der Eiweiße. Doch diese bilden noch zusätzlich Wasserstoffbrücken zum Wasser aus. Nichtionische organische Verbindungen wie Glucose verdanken ihre Löslichkeit sogar allein solchen Wasserstoffbrücken.

„Unser Beitrag zur Documenta:
eine Wassercluster-Installation."

(c) em

Gleichwohl ist Wasser nicht nur passives Medium. In so mancher Reaktion ist es aktiver Partner.

Und es entsteht in nicht unbeträchtlicher Menge aus Fetten, Kohlenhydraten und Eiweißen als Endprodukt im Stoffwechsel.

Wasser hat noch eine ganz andere lebensermöglichende Besonderheit: Es kann Wärme speichern, ohne dass seine Temperatur sich nennenswert erhöht. Und im Stoffwechsel oder bei Muskelaktivität wird viel Wärme frei! Ohne das kühlende Nass würde unser Blut im wahrsten Sinne des Wortes schnell kochen.

Wieder sind es die Wasserstoffbrücken, die für diese ungewöhnliche Eigenschaft verantwortlich sind. Deren Aufbrechen bei der Umbildung der Cluster verschluckt viel von der überschüssigen Wärme. Gleiches gilt für die stetig stattfindende Verdunstung über die Haut und bei der Atmung. Oder beim Schwitzen. So sichert Wasser die für unseren Körper unverzichtbare Temperaturkonstanz.

Andere Eigenschaften waren echte Herausforderungen für die Evolution. So die hohe Oberflächenspannung, die ebenfalls ein Ergebnis der Anziehung zwischen den Molekülen ist. Die macht bei der Geburt die Entfaltung der Lunge zu einem komplizierten Ereignis. Und natürlich resultieren aus der Unfähigkeit des Wassers, Fette zu lösen, all die Probleme, die bei deren Transport und Nutzung zu bewältigen sind.

Ohne Essen überlebt man mehrere Wochen, ohne Wasser nur wenige Tage. Wasser ist unser Lebensfundament. Dem trägt sogar eine UNO-Resolution Rechnung.

Auf Initiative Boliviens wurde der Zugang zu sauberem Wasser im Jahre 2010 von der Mehrheit aller Staaten als Menschenrecht anerkannt.

Iris Rapoport

Ostsee-Urlaub! Ein guter Grund, mal einen alten Freund zu besuchen, der als Professor an der Ostsee-

Methanol als Lösung

19.08.17

küste lehrt. Ich frage ihn, den Energieexperten, natürlich ausführlich nach Biotech-Projekten aus.

Schließlich war Bio-Ethanol bisher eines der Vorzeigeprojekte der Biotechnologen: Stärke und Zucker aus nachwachsenden Pflanzen mit Hefen zu Ethanol vergären und damit Autos betreiben. Denn Benzin kann durch Bioethanol ersetzt werden. In Deutschland werden für die Herstellung von Bioethanol vorwiegend Zuckerrüben und Getreide verwendet, in den USA ist es vorwiegend Mais. Andere Rohstoffe – etwa Zellulose von Pflanzen, die nicht zur Nahrungsmittelproduktion dienen, haben bislang kaum Bedeutung.

In Brasilien deckt Ethanol aus Zuckerrohr einen großen Teil des nationalen Treibstoffbedarfs.

Die wichtigste Einsatzform von Bioethanol in Europa ist die Beimischung zu Benzin. So wird E10 mit bis zu zehn Prozent Bioethanol gemischt.

China hat nach anfänglicher Begeisterung für Bio-Ethanol die Notbremse gezogen: Der Konflikt zwischen Nahrungsmittelversorgung und Treibstoffproduktion für Autos hatte sich zugespitzt. Das trifft auch für Lateinamerika zu, die Preise für Mais steigen.

Allerdings ist Ethanol nicht der einzige Alkohol, der als Benzinersatz taugt. Neu war für mich Methanol als Super-Alkohol. Mein Freund schwärmt von diesem kleinsten Alkohol (CH_3OH). Mit seiner Begeisterung ist er nicht allein.

Prominentester Befürworter eines Übergangs von der Erdöl- und Erdgaswirtschaft zu einer Methanolwirtschaft war der im März dieses Jahres verstorbene Chemienobelpreisträger George Olah.

Der hatte bereits 2006 in einem Buch diesen Weg skizziert und darin die Vorteile des Methanols als Energiespeicher für Wind- und Solarenergie sowie als Treibstoff herausgestrichen.

Für mich Biotechnologen gibt es allerdings einen Wermutstropfen. Bislang ist kein vernünftiger biotechnologischer Weg bekannt, um Methanol herzustellen. Zwar entsteht auch bei der oben erwähnten Zuckervergärung Methanol, doch zur Freude der Schnapstrinker ist die Ausbeute winzig. Das bisschen Methanol würde die Destillation nicht lohnen.

Methanol wird derzeit entweder aus Synthesegas auf Basis von Erdgas bzw. Kohle oder aus Kohlendioxid und Wasserstoff gewonnen. Letzterer Weg bietet sich für die Erneuerbaren an: Überschüssiger Strom aus Wind- und Sonnenenergie wird zur Herstellung von Wasserstoff genutzt. CO_2 fällt eh bei vielen Prozessen an.

Methanol hat für meinen alten Freund das Potenzial, eine führende Rolle als Treibstoff, Energie- und Chemierohstoff zu übernehmen. Der viel gelobte Wasserstoff ist ein Gas, explosiv und aufwendig zu transportieren.

Das flüssige Methanol passt gut in die existierende Treibstoffinfrastruktur. Zudem kann Methanol durch seine vielseitigen Einsatzmöglichkeiten Erdöl und zukünftig auch Erdgas als die gegenwärtig führenden Ausgangsstoffe für organische Chemieprodukte nahtlos ersetzen.

Reinhard Renneberg

Auf Durst ist Verlass

Von alters her hat Wasser den Menschen fasziniert. In der Antike galt es neben Feuer, Erde und Luft als eines der vier Urelemente. Thales von Milet hielt es gar für den Urstoff allen Seins.

02.09.17

Leben, so wie wir es kennen, hat sich mit größter Wahrscheinlichkeit im Meer entwickelt. Gleichsam als dessen Echo ist Wasser mit durchschnittlich 60 Prozent der Hauptbestandteil unseres Körpers. Doch wie viel von dem lebensnotwendigem Nass brauchen wir täglich?

Fest steht, dass jeglicher Verlust ausgeglichen werden muss. Allein die Verdunstung über Lunge und Haut beläuft sich am Tag auf gut einen Liter. Über den Darm verlieren wir nur einen Bruchteil davon. Der Hauptteil des Schwundes geht auf das Konto der Niere.

Dort werden bei der Entsorgung von überschüssigen oder gar schädlichen Endprodukten des Stoffwechsels oder auch Salzen täglich etwa 1,5 Liter verbraucht. Hormonell gesteuert, wacht die Niere gleichzeitig über die Konstanz des Flüssigkeitsvolumens des Körpers und die Konzentration der darin gelösten Stoffe. 2,5 Liter Wasserverlust lassen sich so kalkulieren. Doch das ist nichts als ein grober Richtwert. Der kann enorm schwanken. Er hängt von Klima, Essgewohnheiten und körperlicher Aktivität ab. Von Krankheiten ganz zu schweigen.

Auch ist er beileibe nicht identisch mit dem, was wir trinken müssen. Die Hälfte unseres Wasserbedarfs wird bereits mit der festen Nahrung gedeckt. Nicht nur, weil diese selbst schon eine Menge Wasser enthält. Auch weil im Stoff-

wechsel zusätzlich Wasser gebildet wird. So bleiben täglich etwa 1,2 Liter übrig, die durch Trinken aufgefüllt werden müssen.

Auch das ist nur ein grober Orientierungswert, denn ein halber Liter mehr oder weniger ist durchaus möglich. Zum

Glück hat die Natur uns mit einem ungewöhnlich empfindlichen Sensor ausgestattet – dem Durst.

Wer nicht zu jung, zu alt oder zu krank ist, kann sich auf ihn verlassen. Bereits vor einem kritischen Wasserverlust signalisieren Osmorezeptoren im Hirn:

Trinken! So ist kein Abmessen von Litern nötig.

Doch auch bei Wasser kann man des Guten zu viel tun. Spätestens wenn man meint, ohne gefüllte Wasserflasche nicht aus dem Haus gehen zu können und quälend oft die nächste Toilette sucht, läuft etwas schief. Und da schafft unsere Niere es noch, durch Ausscheidung eines verdünnten Harns, uns vor Schäden durch zu viel Wasser zu schützen.

Denn es gibt sie durchaus: die Wasservergiftung. Die Gefahr lauert gerade dort, wo wir sie am wenigsten erwarten: wenn wir viel schwitzen, z.B. bei starker Hitze oder beim Ausdauerlauf. Wird dabei nur das Wasser, nicht aber das gleichzeitig verlorene Salz ersetzt, schwellen die Zellen an. Vor allem unser Hirn in seiner knöchernen Umhüllung ist dafür gar nicht geschaffen. Kopfschmerzen sind noch die mildeste Konsequenz. Es kann aber schlimmere, im Extremfall sogar tödliche Folgen haben.

Wer weiß, ob durch ständige Zufuhr festgelegter Mengen nicht unser Durstgefühl gestört werden kann, so wie Überangebot und Appetit, für Hunger gehalten, zur Volkskrankheit Überernährung geführt haben.

Iris Rapoport

Von der Tarantel gebissene Bakterien?

Den Ausruf »Pfui Spinne!« hört man oft, nicht nur von Menschen mit Arachnophobie (griechisch *arachnos* = Spinne, *phobos* = Angst). Gern auch: »wie von der Tarantel gestochen«.

16.09.17

Angst vor Spinnen scheint ein wichtiger Schutzreflex in unserer Evolution gewesen zu sein. Heute sterben allerdings vergleichsweise wenige Menschen an Spinnenbissen. In den USA gehen durchschnittlich 6,6 Tote im Jahr aufs Konto der Achtbeiner.

Deutlich gefährlicher ist die Zunahme von Antibiotikaresistenzen: Herkömmliche Medikamente versagen bei einigen resistenten Bakterienstämmen. Allein in den USA betrifft das jährlich zwei Millionen Erkrankungsfälle. In China, wo bei jeder kleinen Erkältung sofort Antibiotika verschrieben werden, erwartet man in den kommenden Jahren Millionen Todesfälle durch antibiotikaresistente Bakterienstämme.

Was das mit Spinnen zu tun hat? In manchen medizinischen Handbüchern liest man noch heute die Empfehlung, entzündete Spinnenbisse mit antibiotischen Salben zu behandeln. Dabei versprechen die Gifte einiger Spinnenarten selbst, wirksame antibakterielle Wirkstoffe zu liefern.

Eine bekannte Alternative zu Antibiotika sind sogenannte Antimikrobielle Peptide, abgekürzt AMPs. Sie sind eine Form der Immunantwort bei fast allen Pflanzen und Tieren.

Australische Forscher haben nun ein solches AMP aus dem Gift von Taranteln (*Acanthoscurria gomesiana*) isoliert und chemisch verändert.

Taranteln spinnen keine Fangnetze, sondern überwälti-
gen die Beute überfallartig aus ihren Bodenhöhlen heraus.

In Mitteleuropa werden Taranteln allerdings nur wenige
Zentimeter groß und sind auch nur schwach giftig.

Das AMP Gomesin besteht aus 18 Aminosäuren, die linear in einer Kette verknüpft sind. Bekannt war, dass Gomesin die Zellwände von Bakterien platzen lässt. Die Australier veränderten nun das Gomesin, indem sie beide Enden des Moleküls chemisch verbanden und so ein Ringmolekül erzeugten.

Tests ergaben eine zehnfach höhere Wirksamkeit des stabileren Rings gegen Bakterienzellen. Neu war auch, dass das Ring-Gomesin gegen Krebszellen (Melanome und Leukämien) wirksam ist – ein sehr interessanter Ansatz. Bis zum zugelassenen Medikament ist es natürlich noch ein weiter Weg, aber ein erster Schritt ist getan.

Übrigens ist der eingangs zitierte Ausdruck »wie von der Tarantel gestochen« nicht korrekt:

Taranteln haben keinen Stachel, stechen also nicht, sondern beißen. Im Mittelalter nahm man an, dass ein solcher Tarantelbiss zur stundenlangen »Tanzwut« führt. Die Tarantella, ein süditalienischer Volkstanz, erinnert wohl daran. Neulich wurde ich – trotz meines nicht mehr ganz passenden Alters – von meinen chinesischen Studenten zu einer Techno-Disco eingeladen.

Nach einer halben Stunde fühlte ich mich völlig betäubt und erschöpft, allerdings nicht wie von der Tarantel gebissen, sondern eher vom wilden Affen …

Reinhard Renneberg

Das strömende Organ

15.10.17

Zu allen Zeiten hat das Blut die Fantasie der Menschen beflügelt. Seit jeher steht es zugleich für Leben und für Vergänglichkeit. Doch auch jenseits von Mystik und Poesie ist Blut höchst ungewöhnlich.

Es ist ein Organ, das fließt. Ein Organ, bei dem nur ein Teil der für seine Funktion notwendigen Proteine sich innerhalb von Zellen befindet. Die übrigen bilden eine proteinreiche Flüssigkeit, Blutplasma genannt, in der die Blutzellen schwimmen. Alle Blutzellen, ob weiß oder rot, entstehen aus den Stammzellen des Knochenmarks.

Beim Durchströmen der Adern durchquert das Blut die anderen Organe des Körpers. Dies dient zuvörderst dem Transport. Nur wenige Gewebe werden ausgespart. Die Augenlinse gehört dazu. Das ist verständlich. Sie muss glasklar sein. Auch Knorpel werden nicht versorgt.

Im Körper muss eine Unmenge transportiert werden. Zunächst Nährstoffe, Vitamine, Mineralien und Spurenelemente. Die müssen vom Darm zu den Organen gelangen, in denen sie gebraucht oder gespeichert werden. Oder aus den Speichern zum Ort ihrer Verwertung.

Wasserlösliche Verbindungen wie Blutzucker werden dabei gelöst transportiert. Unlösliches hingegen wird an sogenannte Transportproteine gebunden. Die stammen zumeist aus der Leber. Mengenmäßig herrscht dabei das Albumin vor.

Das ist nicht wählerisch. Es kann ebenso Fettsäuren transportieren, die aus den Fettspeichern kommen, wie Vitamine, Kalzium oder auch Arzneiwirkstoffe.

„Die Pulsader"

Für die Nahrungsfette, darunter Cholesterin, reicht das Albumin jedoch nicht. Hier müssen spezielle Eiweiße die Bildung löslicher Lipoproteine vermitteln.

Insgesamt kennt man über hundert Proteine, die spezifische Transportaufgaben erfüllen.

Transferrin etwa befördert Eisen, Transcobalamin nimmt Vitamin B_{12} mit.

Schließlich müssen Zwischen- und Endprodukte des Stoffwechsels befördert werden. Oder auch giftige Stoffe. Alles, was wasserlöslich ist, wie Harnstoff, wird zur Niere geschafft. Alles Unlösliche zur Leber (und von dort mit der Galle letztendlich in den Darm).

So zeigt sich das Blutplasma als der große Mittler zwischen allen Organen. Aber den lebensnotwendigen Gastransport kann es allein nicht bewältigen. Dazu bedarf es der roten Blutzellen. Die bringen Sauerstoff von der Lunge in die Gewebe; Kohlendioxid wandert den umgekehrten Weg.

Doch nicht nur Stoffe werden transportiert. Auch Informationen. Hormone im Blut, von Drüsen oder speziellen Zellen gebildet, regulieren die Arbeit der Organe. Zudem wirkt das zirkulierende Blut wie die Flüssigkeit einer Kühlschlange und leitet Wärme aus dem Innern des Körpers zur Haut.

Schließlich patrouillieren Elemente unseres Abwehrsystems mit dem Blutstrom und schützen vor Krankheitserregern. Dazu zählen alle weißen Zellen und etliche Proteine des Blutplasmas. Und nicht zu vergessen: Mit den Gerinnungsfaktoren schwimmt ständig ein Erste-Hilfe-Kit mit.

»Blut ist ein ganz besonderer Saft« – treffender als der alte Geheimrat Goethe es sagte, lässt es sich wahrlich nicht fassen.

Iris Rapoport

Mit chinesischer Tusche gegen Krebs?

Die *Hu-Kaiwen*-Tusche kennt jeder Chinese von Kindesbeinen an. Die schwarze Flüssigkeit wird schon seit Jahrtausenden für Kalligrafie und Zeichnungen genutzt. Ihre tiefschwarze, sehr haltbare Farbe hat sie von kleinen Rußpartikeln aus verkohltem Pflanzenmaterial.

Doch *Hu Kaiwen* scheint mehr zu können. Forscher um Wu-li Yan von der Fudan-Universität Schanghai schlagen im US-Fachblatt *ACS Omega* (DOI: 10.1021/acsomega. 7b00993) vor, die feinen Partikel der Tusche in der Krebstherapie einzusetzen.

Nicht der Primärtumor ist bekanntlich oft das Hauptproblem, sondern die aus ihm entstehenden Metastasen. Die bösartigen Zellen breiten sich rasant über Blut und Lymphgefäße im Körper aus und bilden in anderen Organen Sekundärtumore.

Chirurgen entfernen deswegen vorbeugend Lymphknoten in der Nähe des Primärtumors, um eine weitere Ausbreitung zu verhindern. Die Frage ist aber, welche Lymphknoten überhaupt befallen sind.

Die Tusche ist nun Lösungen sehr ähnlich, die für die Photothermische Therapie (PTT) verwendet werden. Dabei wird ein stark lichtabsorbierendes Mittel in den Tumor gegeben und dieser mit Infrarotlicht bestrahlt, so dass sich der Tumor stark aufheizt. Die Krebszellen sterben ab. Man erinnere sich an Manfred von Ardennes Mehrschritt-Therapie …

Bisher wird die PTT vor allem gegen Hautkrebs und andere oberflächliche Tumore eingesetzt. Man könnte damit aber auch gezielt von Krebs befallene Lymphknoten zer-

28.10.17

stören. Die Tusche besteht aus Kohlenstoffpartikeln, die ihre höchste Lichtabsorption bei Wellenlängen von 650 bis 900 Nanometern haben. Sie absorbieren damit das Licht genau in dem Bereich des nahen Infrarots, für den Blutzellen und

Wasser kaum sensibel sind – und in dem die PTT üblicherweise durchgeführt wird. Bestrahlten die Forscher die Tusche mit einem 880-Nanometer-Laser, wandelte sie 39 Prozent des Lichts in Wärme um und heizte sich dadurch innerhalb von fünf Minuten auf.

Tatsächlich ein neues Anti-Krebsmittel? In der mit *Hu*-Tusche versetzten Zellkultur waren nach der Bestrahlung fast sämtliche Zellen tot, berichten Yan und seine Kollegen.

Analog bei Mäusen mit einem Tumor an der Pfote, der bereits angefangen hatte zu metastasieren. Die Forscher injizierten die Tusche in den Tumor und bestrahlten ihn 24 Stunden später mit Nahe-Infrarot-Licht. Die Tumorzellen starben ab, Schäden an normalem Gewebe oder andere Nebenwirkungen traten nicht auf.

Spannender aber ist: Die *Hu*-Tusche reichert sich in den Krebszellen an und wandert mit ihnen durch den Körper. Bei Bestrahlung reagiert dann die Tusche mit Wärme und Fluoreszenz. So lassen sich Metastasen markieren und aufspüren. In Primärtumore von Mäusen gespritzt, konnte man 24 Stunden später die Signale der Tusche in den umliegenden Lymphknoten nachweisen.

Meister Konfuzius über die Tusche: »Tusche zerfließt wie das Leben. Ein Bild vergeht erst mit dem Betrachter.«

Reinhard Renneberg

Einmal tief Luft holen

Ernsthaft – atmen Sie bitte einmal tief ein. Ob bewusst oder nicht – soeben haben Sie etwa einen halben Liter Luft eingesogen. Luft, die zu 21 Prozent aus Sauerstoff besteht. Ein Viertel davon wird in der Lunge zurückgehalten.

Natürlich nicht als perlendes Gas, denn das wäre der Tod! Auch nicht einfach im Blut gelöst. Sauerstoff löst sich darin schlecht. Sondern auf raffinierte Weise von den roten Blutzellen aufgenommen, aus denen fast die Hälfte des Blutes besteht. Gut 20 Milliliter Sauerstoff pro Atemzug. Das klingt nicht viel. Doch auf den Tag gerechnet kommen wenigstens 400 Liter zusammen.

Die roten Blutzellen, auch Erythrozyten genannt, sind ganz auf Gastransport spezialisiert. Während ihrer Reifung entledigen sie sich allem, was dazu nicht notwendig ist: der Mitochondrien, denn die würden selbst Sauerstoff verbrauchen, des Zellkerns, denn dessen Masse zwänge das Herz stärker zu pumpen. So wird Platz frei. Platz, der vor allem für jenes Protein dringend benötigt wird, das den Sauerstoff transportiert: Hämoglobin.

Fast ein ganzes Kilo davon ist in Abermilliarden elegant bikonkav geformter Erythrozyten enthalten. Doch ein Protein allein könnte den Sauerstoff nicht bändigen. Deshalb hat die Evolution zusätzlich Eisen rekrutiert.

Das bildet mit einem kleinen organischen Ringmolekül einen Häm genannten Komplex. In diesem Komplex kann Eisen den Sauerstoff reversibel binden. Das Häm ist fest in einem Hohlraum des Proteins eingeschlossen.

Es verleiht dem Hämoglobin (und damit dem Blut) nicht nur sein leuchtendes Rot, sondern lockt auch den Sauerstoff in diese Höhle. So kann das Gas nicht perlen und schäumen und lässt sich gefahrlos transportieren.

Die Beladung geschieht in der Lunge. Alle Organe werden über den Kreislauf beliefert, denn ohne ständige Versorgung mit Sauerstoff läuft im Stoffwechsel nichts. Während die Erythrozyten sich durch die engsten Blutgefäße quetschen, flutet der Sauerstoff in das Gewebe.

Im Gegenzug strömt Kohlendioxid ins Blut. Das entsteht bei der Nährstoffverwertung. Doch auch dieses Gas löst sich schlecht. Trotzdem darf es im Blut keinesfalls wie Mineralwasser sprudeln. Ein wenig wird zwar vom Hämoglobin gebunden, aber der effiziente Transport in der Höhle des Häms ist chemisch nicht möglich.

Und dennoch spielen die roten Blutzellen auch für den Kohlendioxidtransport eine zentrale Rolle. Sie enthalten ein weiteres für den Gastransport unverzichtbares Protein – das Enzym Carboanhydrase. Das bannt die Gefahr, indem es eine chemische Reaktion des Kohlendioxids mit dem Wasser katalysiert. Dabei entsteht Kohlensäure. Das bei ihrer Dissoziation sich bildende Hydrogenkarbonat ist sehr gut wasserlöslich. So ist auch für dieses Gas das Transportproblem gelöst.

In der Lunge sorgt übrigens dieselbe Carboanhydrase für den umgekehrten Prozess. Das Kohlendioxid entweicht.

Und wenn Sie jetzt – am Ende dieser Biolumne – tief ausatmen, verlässt Ihre Atemluft mit vier Prozent Kohlendioxid angereichert den Körper. 20 Milliliter pro Atemzug.

Auch wieder mindestens 400 Liter am Tag.

Iris Rapoport

Klonhund Snuppy starb hochbetagt

Am 24. April 2005 wurde der erste Klonhund am Seoul National University (SNU) College of Veterinary Medicine geboren. Sein Name »Snuppy« wurde aus SNU und *puppy* (engl.: Hündchen) zusammengebaut.

25.11.17

Der Schöpfer des männlichen Afghanen Snuppy, der Südkoreaner Woo-Suk Hwang, hatte mit seinem Team seit August 2002 die nötigen Schritte entwickelt. Ich traf Hwang in Hongkong und fand ihn sympathisch. Er stand aber offenbar unter gewaltigem Erfolgsdruck.

Der in Südkorea mit einer Briefmarke geehrte Starforscher Hwang verlor 2006 seine akademische Stellung, als herauskam, dass mehrere angeblich geklonte menschliche Stammzelllinien wohl doch nicht echt waren.

Sein Kollege Byeong-Cheon Lee wurde auf seine Stelle berufen. Er untersuchte nun Snuppy sehr kritisch und unter großer öffentlicher Anteilnahme. Aber Snuppy war echt!

Auch weitere Forscher bestätigten seinerzeit die Echtheit des Klons. Zumindest in dem Punkt Ehrenrettung für den Katholiken Hwang! Die Briefmarke in Anerkennung seiner Stammzellforschung zirkuliert immer noch.

Die somatische Klonmethode war die gleiche, mit der 1996 das schottische Schaf Dolly erzeugt wurde. Während die genetische Quelle für Dolly eine Schafseuterzelle war, hatte Hwangs Team den Kern einer Zelle vom Ohr eines dreijährigen Afghanen-Hunds entnommen. Damit erzeugte die Forscher insgesamt 1095 Embryos, von denen 123 bei Leihmutter-Hündinnen eingepflanzt wurden. Nur bei Dreien kam es zur Schwangerschaft. Ein Hundebaby starb

bei einer Fehlgeburt, das zweite kurz nach der Geburt an einer Lungenentzündung. Nur Snuppy überlebte!

Inzwischen sind viele Tiere geklont worden: Katzen, Schweine, Rinder, Pferde, Schafe. Hunde zählten aber zu den Problemtieren: Hündinnen ovulieren nur zweimal jährlich und Hunde-Eizellen sind beim Eisprung noch nicht reif. Deshalb entwickelte Hwangs Team Methoden, die Eizellen außerhalb des Körpers reifen zu lassen.

Snuppy wurde vom *Time Magazine* zur Erfindung des Jahres 2005 gekürt. Da Hunde mit uns viele Krankheiten gemein haben, erhofft man sich Modelle für Diabetes und die Parkinson-Krankheit. Snuppy wurde Vater von zehn gesunden Welpen.

Interessant an dem koreanischen Klonhund war seine »normale« Langlebigkeit. Der im vorigen Jahr gestorbene Snuppy wurde zehn Jahre alt. Dolly dagegen hatte mit fünf schon Arthritis im Knie und starb in der Blüte ihres Lebens mit sechs Jahren an einer seltenen Lungenkrankheit.

Schafe können aber zwölf Jahre alt werden. Manche meinten damals, Dollys früher Tod sei eine Folge des Klonens. Doch Dollys Schwestergeneration, 13 Klonschafe aus den gleichen Zellen, ist normal gealtert, kein Bluthochdruck, kein Diabetes oder Arthritis. Und Snuppy wäre (nach menschlichem Maß) 70 geworden.

Der gesund gealterte Snuppy nimmt uns immerhin den Albtraum, in der nahen Zukunft silberhaarigen runzligen Teenagern mit prominenten Gesichtern in den Medien zu begegnen – Klonen von Milliardären und Politikern ...

Reinhard Renneberg

Ein Nerv für Geschenke

09.12.17

Kennen Sie das? Dieses qualvolle Bangen, ob man mit dem Weihnachtsgeschenk den richtigen Nerv getroffen hat? Ein Patentrezept kann diese Biolumne leider nicht liefern. Nur die Kunde, dass man nun die Hirnregion kennt, in der blitzschnell das Urteil fällt.

Darüber, wie Bewertungen in unserem Gehirn entstehen, wie Entscheidungen fallen, ist bisher wenig bekannt. Ein Forschungsteam um Shinsuke Suzuki von der japanischen Tohoku University ist dem mittels funktioneller Magnetresonanztomographie einen Schritt näher gekommen. Unser Gehirn besteht aus etwa hundert Milliarden Nervenzellen, auch Neuronen genannt. Jedes einzelne Neuron ist meist mit Tausenden anderen verbunden. So entsteht ein gewaltiges dreidimensionales Netzwerk. Die Kontaktstellen zwischen den Neuronen werden Synapsen genannt. Erreicht ein elektrischer Nervenimpuls eine Synapse, kann er den kleinen Spalt zur angrenzenden Zelle nicht überwinden.

Seine Weiterleitung erfolgt deshalb zumeist chemisch, über Neurotransmitter. Einige Neurotransmitter sind Aminosäuren, wie etwa Glutamat. Andere sind Amine, die aus Aminosäuren gebildet werden. Am bekanntesten ist sicher das Serotonin. Wieder andere sind Peptide. Sie alle sind in kleinen Bläschen (*Vesikeln*) gespeichert.

Der eintreffende Impuls bewirkt die Ausschüttung der Neurotransmitter in den Spalt. Man sagt auch, das Neuron »feuert«. Die freigesetzten Neurotransmitter binden an Rezeptoren der benachbarten Zelle.

„Ich kenne ihre geheimsten Wünsche,
aber die Geschenke werden wieder ein Reinfall."

(c) em

Das löst in deren Innerem letztlich einen elektrischen Impuls aus, und die Nachricht wird weitergeleitet. Alle Hirnleistungen beruhen also auf Kommunikation zwischen Neuronen, und die findet an den Synapsen statt.

Das Team um Suzuki hat seinen Versuchspersonen allerdings keine Geschenke präsentiert. Stattdessen etwas, das von jeher fundamentale Bedeutung besitzt: Lebensmittel. Die sollten beurteilt und ausgewählt werden.

Wie die Neurologen im Fachblatt *Nature Neuroscience* (DOI: 10.1038/s41593-017-0008-x) schreiben, waren dabei zwei benachbarte Bereiche des orbitofrontalen Cortex aktiv. Das ist eine Region der Großhirnrinde direkt über den Augenhöhlen.

Bei der funktionellen Magnetresonanztomographie verrät ein Leuchten, in welcher Hirnregion die Neuronen gerade »feuern«. Wenn man den Ort kennt, kann man erforschen, was dort passiert.

Der Neurotransmitter, der den Anstoß gibt, jegliche Lichtreize – ob von Geschenken, ob von Esswaren ausgelöst – vom Auge ins Gehirn zu leiten, ist gut bekannt.

Es ist Glutamat. Doch welche Neurotransmitter im orbitofrontalen Cortex von Bedeutung sind oder gar, wie Einzelmerkmale integriert werden, um Bewertungen zu ermöglichen, gilt es in Zukunft zu klären. Ob dabei sogar noch unbekannte Prinzipien eine Rolle spielen, bleibt abzuwarten.

Eines ist jedoch schon heute sicher. Deren Aufklärung wird die Qual der weihnachtlichen Geschenkeauswahl nicht mindern.

Um die Mühe, uns in die Wünsche – am besten auch die geheimsten – der zu Beschenkenden hineinzuversetzen, kommen wir nicht herum.

Iris Rapoport

Aids: Hoffnung am Kap

Kapstadt – ein Traum, auch für den Biolumnisten RR. Ich besuche meinen Kollegen Prof. Wolfgang Preiser, der seit 2005 in Südafrikas Aids-Forschung arbeitet. Als ich ihn vor 15 Jahren erstmalig per E-Mail kontaktierte, schockierten mich die Zahlen der HIV-Infizierten.

Die bewusst verzerrte Karte von Mark Newman im Cartoon zeigt die Länder der Erde proportional zur Zahl der HIV-Infizierten aufgebläht – erschreckend für Afrika!

Preiser, geboren in Frankfurt am Main, hat viel Elend vom Kap bis Tansania gesehen. Dennoch ist er ein fröhlicher Optimist geblieben. Er berichtet von aufkeimender Hoffnung:

Vor 16 Jahren wurde, zunächst zögerlich, mit der Anti-Retroviralen Therapie (ART) in Mandelas Heimat begonnen. Seit etlichen Jahren ist ART im ganzen Land etabliert. Das Gesundheitssystem Südafrika ist besser als in vielen afrikanischen Ländern und für die Armen kostenlos.

2001 nahmen HIV-positive Patienten noch mehrere verschiedene Medikamente pro Tag. Die Nebenwirkungen waren bei den anfänglich eingesetzten Mitteln zum Teil heftig, manchmal lebensbedrohlich. Heute werden besser verträgliche Mittel, oft als sogenannte *fixed dose*-Kombinationspillen, eingesetzt.

Im Jahre 2017 berichtete das Aids-Programm der Vereinten Nationen UNAIDS zum Welt-Aidstag am 1. Dezember: Hatten im Jahre 2000 685 000 Menschen mit Aids weltweit Zugang zur Therapie, so sind es heute bereits 21 Millionen!

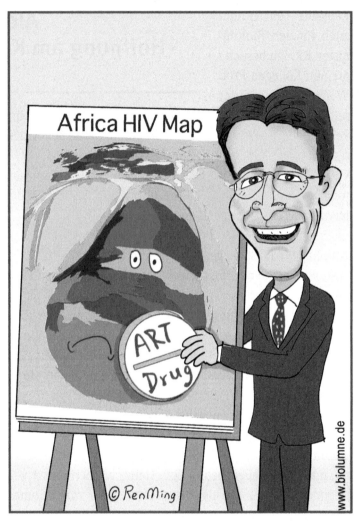

Südafrika hat dabei das größte lebensrettende ART-Programm der Welt. Mehr als vier Millionen Infizierte sind dort in Behandlung.

Neuinfektionen bei Babys verringerten sich zwischen 2010 und 2016 um 56 Prozent.

Das neue ART-Medikament Dolutegravir soll in diesem Jahr den Durchbruch bringen. 2001 erlaubte die ANC-Regierung die einheimische Produktion von Anti-Aids-Mitteln unter Umgehung des Patentschutzes. Ohnmächtiges Wutgeheul bei den transnationalen Pharmafirmen ...

2003 beschloss man angesichts einer düsteren Zukunft die ART-Behandlung. 47 000 Menschen wurden bereits 2004 behandelt. 2005 waren erschreckende fünf Millionen Menschen HIV-positiv – mit der höchsten Infektionsrate der Welt.

Präsident Thabo Mbeki trat 2008 zurück. Seine Weigerung anzuerkennen, dass Aids von Viren verursacht wird, wurde weithin kritisiert. Das Kabinett seines Nachfolgers Jacob Zuma beschloss 2009, alle Kinder Südafrikas auf Aids zu testen und allen Infizierten ART zu geben. 2011 wurden sagenhafte 11,9 Millionen Südafrikaner getestet. Die Rechte Infizierter wurden offiziell proklamiert.

Seit 2013 werden Emtricitabin, Efavirenz und Tenofovir kombiniert gegeben. 2018 wird eine einzige Pille kommen, die eine Kombination mit Dolutegravir enthält.

Dieses Medikament wird gut toleriert und soll das bisher beste Resultat bringen. Trotz der Dramatik verlasse ich den wackeren Professor mit einem guten Gefühl.

Falls unser Bundespräsident jemandem, der sich echt um die Welt verdient macht, das Bundesverdienstkreuz verleihen möchte:

In Südafrika arbeitet ein moderner Robert Koch ...

Reinhard Renneberg

Verteufeltes NO

20.01.18

Stickoxide sind schädlich. Das hat der Abgasskandal fest in unseren Köpfen verankert. Zu Recht, denn die verschiedenen Sauerstoffverbindungen des Stickstoffs sind aggressive, giftige Gase. Schon deshalb hatte lange Zeit niemand vermutet, dass eine dieser gefährlichen Verbindungen von biologischer Bedeutung sein könnte.

Doch genau das wurde überraschenderweise in den 80er Jahren des letzten Jahrhunderts entdeckt. Stickstoffmonoxid (NO) entpuppte sich als wichtiges Signalmolekül. Es ist enorm, was das giftige Gas in der richtigen Konzentration und am richtigen Ort alles vermag! Gebildet aus der Aminosäure Arginin durchdringt NO schnell jede Zellwand. Allerdings ist es so kurzlebig, dass es nur umliegendes Gewebe erreicht.

Als Gewebshormon lässt es die Gefäßmuskulatur erschlaffen. Auf diese Weise regelt es den Blutdruck und die Blutzufuhr zu den Organen.

Das nutzt man, um bei Herzattacken mit NO-liefernden Medikamenten die verengten Gefäße zu weiten. Das Blut kann wieder strömen und Sauerstoff zum Herzen gelangen. Auf gleichem Wege lässt sich auch die Potenz stärken:

Sildenafil, der Viagra-Wirkstoff, bildet zwar kein NO, steigert aber dessen Wirkung. Eine ganz andere Aufgabe erfüllt NO im Darm. Dort steuert es die wellenförmigen Kontraktionen, die die Nahrung vorwärts bewegen.

So kann sogar das Pökelsalz in Schinken und Fleisch durch NO-Bildung die Verdauung fördern. Den Nerven dient NO nicht als Gewebshormon, sondern als Neuro-

„Schnell, gleich braucht er wieder die NO-Medikamente!"

(c) em

transmitter. Es scheint eine wichtige Rolle beim Lernen und Erinnern zu spielen.

In unserer Immunabwehr schließlich wirkt NO wirklich als Gift. Seine chemische Aggressivität hilft, eingedrungene Bakterien zu töten.

Zum Glück kann das NO der Dieselabgase all diese Prozesse nicht stören. Davor schützt seine Kurzlebigkeit an der Luft. Gefährlich kann es dort gleichwohl sein.

Mit Sauerstoff reagiert es sofort zu Stickstoffdioxid, das mit Wasser Salpetersäure bildet. Geschieht das in der Atmosphäre, entsteht saurer Regen, geschieht es in unseren Atemwegen, werden diese gereizt.

Noch ärger wird es bei starker Sonneneinstrahlung. Da bildet sich mit Luftsauerstoff sogar Ozon, einer der gefährlichen Hauptbestandteile des Sommersmogs! Kein Wunder, dass die gesetzlich festgelegten tolerablen Stickoxid-Grenzwerte stetig nach unten korrigiert wurden. Das erschwerte die Arbeit der Autobauer. Doch das rechtfertigt nicht den Betrug!

Die Chemie kennt seit langem ein sicheres Mittel gegen Stickoxide: Ammoniak. Damit bilden sich unschädlicher Stickstoff und Wasser. Allerdings ist Ammoniak selbst giftig. Es verbietet sich, ihn direkt in Motoren zu nutzten. Aber er lässt sich aus Harnstoff mit einem Katalysator gezielt freisetzen. *AdBlue* hat man diesen zumindest chemisch simplen Zusatz getauft.

Das klingt wieder gut. Nach blauem Himmel und Klimaschutz. Nur senkt sein ausreichender Zusatz die Wirtschaftlichkeit der Fahrzeuge und den Profit.

Auf dem Altar dieses Profits wurden letztendlich die wahren Schadstoffwerte und der Schutz von Gesundheit und Umwelt geopfert.

von Iris Rapoport

Kakao bietet der For-
schung noch so man-
ches Rätsel. Man weiß
zwar, wie Kakaobohnen
verarbeitet, getrocknet

Kakao im Stress

oder geröstet werden müssen, damit sie ihr Aroma entfalten, doch welche Stoffe das besondere Aroma bewirken und wie Anbaumethoden den Geschmack beeinflussen, darauf hat auch die Wissenschaft nur unbefriedigende Antworten.

Ein Forscherteam um Wiebke Niether und Gerhard Gerold von der Uni Göttingen wollten Genaueres wissen. Im Fachblatt *Journal of Agricultural and Food Chemistry* (DOI: 10.1021/acs.jafc.7b04490) erläutern die Forscher ihr Vorgehen: Sie ernteten Bohnen von fünf Kakao-Plantagen in Bolivien am Beginn und Ende der Trockenzeit (April bis September). Die Bäume wuchsen entweder in voll besonnten Plantagen oder aber in Agroforsten.

Kakaobäume (*Theobroma cocoa*) gedeihen in Äquatornähe in feuchtheißem Klima. *Theobroma* heißt aus dem Griechischen übersetzt »Speise der Götter«.

Sie wachsen traditionell gemischt mit anderen Pflanzen, die lebensnotwendigen Schatten spenden, zumeist in Agroforsten. Das bedeutet wenig Stress für die Pflanzen, man reichert Nährstoffe an und reguliert den Grundwasserspiegel.

Um aber höhere Erträge zu erzielen, legt der Mensch Kakao-Plantagen an: Einzelbäume in Monokulturen, mit viel Stress für die Pflanzen. Die Bäume produzieren als Antwort auf den Stress Antioxidantien. Diese können auch den Geschmack der Kakao-Bohnen verändern.

Wiebke Niether, Gerhard Gerold und ihre Kollegen analysierten die Kakao-Bohnen aus den verschiedenen Anbau-

formen, nachdem sie wie üblich verarbeitet wurden: Die Kakaoschoten wurden aufgeschlagen und die Bohnen mit dem Fruchtfleisch herausgeschabt, in großen Haufen abgedeckt über einige Tage gelagert.

Die bei dem einsetzenden Gärungsprozess entstehenden Produkte Alkohol, Milchsäure und Essigsäure wirken auf die Bohnen ein. Erst dabei und bei der weiteren Fermentierung der Bohnen bilden sich jene Aromastoffe, die für das komplexe Kakaoaroma verantwortlich sind.

Die Unterschiede zwischen Plantagen- und Agroforst-Kakao erwiesen sich als nicht allzu groß. Größere Unterschiede gab es erst im Zusammenhang mit dem Wetter: Sobald es wärmer war und die Bodenfeuchtigkeit geringer wurde, enthielten die Kakaobohnen mehr Antioxidantien und weniger Fett. Da sich Wärme und Trockenheit in den bunten Mischkultur-Agroforsten weniger stark bemerkbar machten, waren die dort wachsenden Pflanzen bei solchem Wetter im Vorteil.

Ich habe Wiebke Niether anfragt, welcher Kakao denn nun besser schmeckt. Ich nahm ja an, der weniger gestresste. Auch Cartoonist Ming war dieser Meinung. Doch stimmt das? Oder müssen wir vielleicht umdenken?

Angeblich schmecken ja den Katzen gestresste Mäuse besser...

Die Kollegin hat mich beruhigt: »Dass die Schokolade zumindest glücklicher ist, wenn sie aus dem Agroforst kommt, unterstütze ich.

Über den Geschmack an sich können wir aber noch nicht so viel sagen, Phenole sind für bitteren Geschmack zuständig, aber Geschmack ist ja bekanntlich Geschmackssache.«

Reinhard Renneberg

Immun-Booster S-Bahn

24.02.18

Gefühlt fällt in Berlin jede zweite S-Bahn aus. Hat das Warten ein Ende, klingen Husten und Schniefen im Zug fast wie ein Dankeschoral. Und in dichteste Kugelpackung gedrängt ahnt man: nur Küsse verbreiten Bazillen und Viren noch effizienter.

Zum Glück wacht da unser fast perfektes Immunsystem! Andernfalls würde die Fahrgäste wohl unvermeidlich bald siech darniederliegen. So aber trotzen wir den Fährnissen des Nahverkehrs. Im Schnitt ereilen uns Erkältungen nur etwa vier Mal im Jahr.

»Getrennt marschieren, gemeinsam schlagen« gilt für die Immunabwehr im besten Sinne. Eine schnelle Eingreiftruppe ist ständig auf Wacht. Die ist uns angeboren. Sie wird aus Fresszellen (dem mengenmäßig größten Teil unserer weißen Blutzellen) rekrutiert. Und auch aus vielen in der Leber gebildeten und ans Blut gelieferten Proteinen. Gemeinsam spüren sie unsere unsichtbaren Feinde mit einem genetisch festgelegten Arsenal von Rezeptoren auf. Die erkennen unspezifische Merkmale, die den unterschiedlichsten Erregern gemein sind. Die Erreger werden gebunden und anschließend zerstört. Oft werden sie im wahrsten Sinne des Wortes gleich aufgefressen.

Scheitert das angeborene, unspezifische Immunsystem, dann überfluten die Eindringlinge den Körper. Sie infizieren Zellen und vermehren sich. Wir werden krank. Nun sind die Spezialeinheiten der spezifischen Immunabwehr gefragt. Auch die bestehen aus Zellen und freien Proteinen. Diese Elitetruppen lernen innerhalb von nur fünf Tagen, die indi-

Zug **fällt aus**

(c) em

viduellen Merkmale eines Erregers – etwa die eines Schnup-
fenvirus – schnell und irrtumsfrei zu erkennen. Dazu werden neue Gene geschaffen, die es ermöglichen, Rezeptoren
zu produzieren, die den Erreger an seinen ganz spezifischen
Merkmalen erkennen.

Der Kampf gegen freie Erreger obliegt den B-Lymphozyten (im Knochenmark gereifte weiße Blutzellen). Die nehmen zunächst mit einem bereits vorhandenen, halbwegs passenden Rezeptor ein Virus auf. Wenn sich so eine Zelle nun teilt, verändert sich ihr Erbgut. Dabei entsteht das Gen für den benötigten, hochspezifischen Rezeptor. Der bekommt einen neuen Namen: Er wird Antikörper genannt.

Keine Chance mehr für lästige Schnupfenviren. Sie werden von den Antikörpern aufgespürt, neutralisiert und der unspezifischen Abwehr zur endgültigen Beseitigung ausgeliefert.

Auf ähnliche Weise werden die Rezeptoren von cytotoxischen T-Lymphozyten (im Thymus gereifte weiße Blutzellen) optimiert. Die durchkämmen die Gewebe nach infizierten Zellen, die sich durch Bruchstücke von Virusprotein an ihrer Oberfläche zu erkennen geben. Daran heften sich die cytotoxischen T-Lymphozyten und zerstören die befallenen Zellen.

Die spezifische Abwehr vergisst nichts! Gedächtniszellen unterstützen im Bedarfsfall die schnelle Truppe sofort – wir bleiben gesund. Impfen wirkt ähnlich. Ein Jammer, dass das gegen die sich schnell veränderlichen Schnupfenviren nicht möglich ist.

Trotzdem wird jetzt alles besser. Nein, nicht bei der S-Bahn. Aber mit den umherschwirrenden Erregern. Auf deren Verringerung ist im Frühling Verlass.

von Iris Rapoport

Immun gegen Argumente?

Zwei Flecken, pfennig-groß, verblassen auf meiner Schulter. Sie erinnern an eine Po-ckenimpfung in Kind-heitstagen. Solche Impfmale bleiben heutigen Generationen erspart, denn die Gefahr, sich mit dieser entstellenden, oft sogar tödlichen Krankheit zu infizieren, ist seit 1980 welt-weit gebannt.

Krankheiten durch Impfung auszurotten, ist nicht in jedem Fall möglich. Es kann nur gelingen, wenn der Erreger ausschließlich von Mensch zu Mensch übertragen wird. Die Grippe gehört leider nicht dazu. Sehr wohl aber Kinderläh-mung und Masern. Die könnten schon längst vom Erdball verschwunden sein.

Doch gerade Masernepidemien sind vor allem in Ent-wicklungsländern in Afrika und Südostasien immer noch Re-alität. Sie sind die Hauptursache für jene Todesfälle bei Kindern, die durch Impfung vermeidbar wären. Mehr als 95 Prozent der Bevölkerung müssen dazu geimpft sein. Erst dann wird »Herdenimmunität« erreicht. Dann sind auch jene geschützt, die nicht geimpft werden können: Kinder, die jünger als ein Jahr sind, und all jene, deren Immunsys-tem gestört Ist.

Dieses Ziel wurde bereits in weiten Regionen erreicht. Sogar der ganze amerikanische Kontinent gehört dazu. Doch in Deutschland ist die Hoffnung darauf vorerst zerronnen, hier sind Masern wieder im Vormarsch. Die sogenannte Durchimpfungsrate ist nach wie vor zu gering.

Das Masern-Virus hat wohl erst vor gut 1000 Jahren den Weg zum Menschen gefunden. Es ist, so vermutet man, aus

einem Rinderpestvirus entstanden. Im Mittelalter waren Masern zeitweilig mehr gefürchtet als Pocken.

Diese Furcht scheint geschwunden – obwohl das Virus wie eh und je hochinfektiös ist und die Krankheit weiterhin nicht ursächlich behandelbar.

Gewiss, ein winziges Restrisiko bleibt bei jeder Impfung – wie bei allem im Leben.

Und kurzzeitige Nebenwirkungen – Fieber, Rötungen, Schmerzen – sind nicht auszuschließen. Doch warum nur paart sich bei einigen Eltern Angst vor dem vergleichsweise ungefährlichen Impfstoff mit erstaunlicher Unterschätzung der Gefahren der schlimmen Erkrankung? Ob diese Sicht wohl bei den entstellenden Pocken dieselbe wäre?

Fürchten diese Eltern vielleicht die dem Impfstoff zugesetzten Adjuvantien? Jene Stoffe, die dem abgeschwächten Erreger beigefügt werden müssen, damit ein ausreichender Impfschutz erreicht wird?

Zumeist sind dies Stoffe, mit denen wir auch sonst in Berührung kommen. Ihr Zusatz liegt weit unter dem, was als schädigend gilt.

Oder vertrauen diese Eltern vielleicht lieber den Fantasien selbsternannter »Experten«? Vertrauen denen mehr als der Kompetenz der Impffachleute, mehr als der Weltgesundheitsorganisation, die Masern bis 2020 endlich besiegen möchte? Denn erst dann bliebe zukünftigen Generationen nicht nur die Impfung gegen Pocken, sondern auch die gegen Masern erspart.

Diese Chance sollten wir nicht leichtfertig verspielen!

Iris Rapoport

Außen hui, innen pfui?

Hübsch sehen sie jedes Jahr aus – die bunt gefärbten Eier zu Ostern. Doch zuweilen umhüllt eine grau-grüne Schicht das Gelbe des Eis. Was da das schöne Bild stört oder gar den Genuss verleidet, ist Eisensulfid.

Eisen ist unverzichtbar, wenn neues Leben erwächst. Das gilt nicht nur für das Hühnerei. Vertraut man der Hypothese, dass das erste Leben auf der Erde im Meer an Eisen-Schwefel-Oberflächen vulkanischer Schlote entstand, dann galt das seit Anbeginn. Auf der Erde gibt es keinen Mangel an Eisen. Dennoch ist es in Organismen nur als Spurenelement anzutreffen.

Vermutlich hat gerade die chemische Eigenschaft, die es zum »Initialzünder« des Lebens befähigte, seine biologische Nutzung begrenzt: Eisen kann leicht seine Wertigkeit wechseln. Dadurch können Elektronen wandern.

Kein Organismus, für den das nicht wichtig wäre. Wenn zweiwertiges Eisen zu dreiwertigem wird, gibt es ein Elektron ab. So harmlos das klingt, solche Veränderungen müssen kontrolliert geschehen. Andernfalls entstehen Radikale, die aggressiv alles Organische angreifen.

Vom dreiwertigen Eisen droht eine andere Gefahr. Es bildet oft schwer lösliche Verbindungen. Die verklumpen und fallen aus. Freie Eisenionen und Leben – das ist nicht miteinander vereinbar.

Die Evolution hat das Metall erfolgreich gebändigt. Etwa durch direkte Bindung an Proteine. Besonders bewährt hat sich die Einbettung in ein kleines ringförmiges Molekül. Dieser Komplex wird Häm genannt und komplettiert die unter-

"Nächstes Jahr mach ich's besser." *(c) em*

schiedlichsten Proteine. So wird der Elektronenfluss möglich, der bei Entgiftungen und Hormonsynthesen notwendig ist oder bei der Energiegewinnung in den Kraftwerken
der Zelle, den Mitochondrien. Im Hämoglobin ist das Eisen
sogar so gründlich gezähmt, dass es seine Wertigkeit nicht

mehr wechselt und Sauerstoff transportieren kann. Eisen ist so wichtig, dass der Körper es nicht freiwillig wieder hergibt.

Nur Verluste durch Abschilferung von Zellen oder Blutungen, wie der Menstruation, müssen ersetzt werden. Auch mit Blick auf die 10 bis 15 Milligramm, die täglich dazu benötigt werden, ist Häm-Eisen günstig. Es ist gut löslich und kann leicht in die Darmzellen eingeschleust werden. Vom Nicht-Häm-Eisen hingegen, das sich vor allem in Gemüsen findet, geht ein Großteil als unlösliches Salz verloren. Dem wirkt Vitamin C entgegen. Es reduziert dreiwertiges Eisen. So fallen weniger unlösliche Salze aus und das zweiwertige Eisen kann mit einem speziellen Transportprotein in die Darmzellen aufgenommen werden.

Im Eidotter ist das Eisen fest an ein Eiweiß namens Phosvitin gebunden. So fest, dass das meiste für uns nicht nutzbar ist. Trotzdem deckt so ein Ei immerhin etwa ein Zehntel unseres Tagesbedarfes.

Zum Färben werden Eier oft lange gekocht. Das setzt einen Teil des Eisens im Eigelb frei. Mit Schwefel, der aus dem Eiweiß stammt, bildet sich an der Grenze zwischen beiden das dunkle Eisensulfid. Das ist kaum löslich, das Eisen darin für uns verloren. Doch es schadet auch nicht.

Kein Grund also, sich die Freude an den bunten Eiern schmälern zu lassen.

Iris Rapoport

Wie die Zeit vergeht! Gerade schaut mir mein amerikanischer Freund und Biosensor-Kollege Joseph Wang

Das Giftlabor auf dem Handschuh

14.04.18

aus der »Chemical & Engineering News« strahlend entgegen. Der umtriebige Amerikaner hat sich in 20 Jahren kaum verändert. Er hat zwei Schutzhandschuhe übergestülpt und hält triumphierend eine Tomate zwischen Daumen und Zeigefinger der rechten Hand. Ein Geschmackstest?

US-Tomaten sehen toll aus und schmecken intensiv nach: nichts. *America first*!

Nein! In der linken Hand zeigt sein Handy zwei elektrochemische Messkurven an: »Achtung, Nervengift! GEFAHR!«

Joe Wang demonstriert typisch lässig-amerikanisch seine neueste Erfindung: Ein Chemielabor integriert in einen Handschuh: »Lab on a glove«.

Farmer in aller Welt benutzen seit dem Zweiten Weltkrieg Organophosphate als Insektizide. Diese Nervengifte hemmen bei Kerbtieren Reaktionen des Enzyms Acetylcholinesterase, sie akkumulieren sich aber, im Gegensatz zu Chloraromaten wie DDT, kaum in den Lebensmitteln.

Geniale Idee von Joe: Der Farmer ist vor dem Nervengift geschützt und kann direkt messen, ohne Labor.

Auf dem Handschuh sind Elektroden auf Daumen und Zeigefinger aufgedruckt. Sie müssen natürlich wie der Handschuh dehnbar sein. Sie tragen auch noch aufgedruckte trockene Enzyme und deren Substrat.

Nimmt man nun beispielsweise eine unbehandelte Tomate zwischen Daumen und Zeigefinger, schließt sich durch

die Feuchtigkeit der Tomate ein Stromkreislauf. Das trockene Substrat wird feucht, vom nun feuchten Enzym in ein elektrochemisch aktives Produkt verwandelt und das elektrische Signal vom Handschuh an das Handy übermittelt: »*NO DANGER*!«

Anders bei Organophosphaten auf der Tomate: Das Enzym kann nicht sein Substrat wandeln, wird gehemmt. Das Handy blinkt:

»*DANGER*!« Man weiß nun zwar nicht, was da gefährlich ist, wird aber zumindest gewarnt. Auch toll zur Lebensmittelkontrolle auf dem Wochenmarkt.

Und auch das Militär wäre wohl interessiert. Wurde doch gerade erst in London ein russisch-britischer Doppelagent mit Organophosphaten attackiert, von wem auch immer…

Apropos Wochenmarkt. Joe erzählte mir vor langen 20 Jahren auf einem Kongress von seinem ersten bleibenden Eindruck von Deutschland, pardon: eigentlich von Bayern.

Als der, nun ja, etwas asiatisch aussehende Yankee an einem Obststand in München mehrere bayrische Äpfel nacheinander ganz harmlos prüfend in seine Hand nahm, rief die Dirndl-gewandete Bäuerin empört: »*Naahm's daan Pfoaten weg, Saupreiss…*!« Und milderte dann noch lachend ab: »*Saupreiss … japonischer*!«

Ich bin schon mal gespannt, wie heute Wang auf dem Münchner Viktualienmarkt empfangen wird, wenn er seine tollen Biosensor-Schutzhandschuhe trägt.

Reinhard Renneberg

Die Giftmischer in uns

05.05.18

Die erstaunliche Wehrhaftigkeit sieht man ihnen nicht an. Die Rede ist von neutrophilen Granulozyten, jenen Fresszellen im menschlichen Körper, die weit über die Hälfte der Zellen der angeborenen Immunabwehr stellen. Sie sind komplett auf Abwehr getrimmt.

Mit ihren Rezeptoren können sie Bakterien, Pilze und sogar einige große Viren erkennen. Grundlage dafür sind besondere Strukturen der Erreger, die für deren Überleben unverzichtbar sind. Die konnten in der Evolution nicht verändert werden. Das gibt unserer Abwehr die Chance, stets vorbereitet zu sein. Außerdem besitzen unsere eigenen Körperzellen solche Strukturen nicht. So können die Granulozyten leicht zwischen »fremd« und »selbst« unterscheiden.

Zunächst treiben diese großen, runden, weißen Blutzellen gemächlich mit dem Blutstrom dahin. Doch die Ruhe trügt. Sie sind ein schwimmendes Waffenarsenal! Die vielen kleinen Granulae, die ihnen den Namen verleihen, sind gefüllt mit »biologischen Waffen«:

Da ist einmal das Enzym Lysozym, das zuckerhaltige Bakterienstrukturen angreifen kann. Dann gibt es Proteasen, die Eiweiße zerstören und Laktoferrin, das den Bakterien den Wuchsstoff Eisen wegfängt. Dazu kommen Proteine wie die Defensine, die antimikrobiell wirken.

Ist ein Keim aufgespürt, löst der Fund im Zellinnern eine Signalkaskade aus. Die bewirkt, dass unter viel Sauerstoffverbrauch zusätzlich giftige Chemikalien gebildet werden. Chemikalien, bei denen man eher an Bad- oder Küchenrei-

(c) em

niger denkt, als an das Innere unseres Körpers: Wasserstoff-peroxid und hochreaktive Sauerstoffradikale, sogar Chlor-bleiche.

Auch Stickoxide, jene giftigen Gase, um die sich der Dieselskandal rankt. Etliche dieser „chemischen Waffen" werden kurzzeitig in den Granulae gespeichert. Parallel löst die Signalkaskade eine dramatische Flexibilität der Zellmembran aus. Der Eindringling wird umhüllt und – quasi in einen Sack gesperrt – verschlungen. Sofort ergießt sich der Inhalt der Granulae in diesen Sack und um den Angreifer ist es geschehen.

Nichts bleibt ungenutzt in dieser Schlacht. Selbst die Erbsubstanz wird hier zur Waffe. Aus der Zelle geschleust, bildet die DNA ein Netz. Das wirkt nicht nur als Barriere zum Schutz vor »Kollateralschäden«, die unvermeidlich im umgebenden Gewebe entstehen.

Die DNA dient als Falle. Bakterien und Pilze werden gefangen, am Ausbreiten gehindert und durch antimikrobielle Proteine getötet.

So werden die meisten der uns bedrohenden Keime innerhalb weniger Stunden vernichtet. Fast verwundert es, dass wir trotzdem erkranken. Aber einige Erreger tarnen sich mit dicken Kapseln. Andere sind so in der Überzahl, dass die angeborene Abwehr schlicht überfordert ist. Einigen wenigen gelingt es sogar, in den Granulozyten zu wohnen.

Das Leben der tapferen Zellen währt nur wenige Stunden. Letztlich vergeblich versuchen sie, sich selbst zu schützen. Eiter nennen wir das, was von ihnen übrigbleibt. Es ist immer nur eine Frage der Zeit, wann sie beim Erfüllen ihrer Mission an den eigenen Giften zugrunde gehen.

Iris Rapoport

Nach Affen, Schafen, Rindern und Schweinen ist in China bereits 2016 das Klonen der Kaschmirziege gelun-

Kaschmir-Klon mit 16 Zicklein

19.05.18

gen. Diese Wollziege hat lange und extrem feine Unterwollfasern als perfekten Kälteschutz ausgebildet. »Geerntet« wird die edle Wolle meist durch Auskämmen.

Ähnlich teure Wolle liefern nur der Moschusochse und das südamerikanische Vikunja. Der Durchmesser der »Faser der Könige« liegt bei 13 bis 19 Mikrometern, sie ist damit feiner als Schafwolle. Pro Ziege werden 200 Gramm lange Wollfasern geerntet.

Die Hongkonger *South China Morning Post* berichtete Anfang April 2018, dass chinesische Biotechnologen auf der Suche nach dem besten DNA-Spender zunächst das Erbgut von immerhin 10 000 Kaschmirziegen sequenziert hatten. In der Forschungsstation Bayannur in der chinesischen Provinz Innere Mongolei wurde dann nach der »Dolly-Methode« des Schotten Ian Wilmut der Ziegenbock Mikami geschaffen.

Als 2012 der Medizin-Nobelpreis für die Reprogrammierung reifer Zellen zu pluripotenten Stammzellen vergeben wurde, gehörte Wilmut allerdings nicht zu den Geehrten, offenbar wegen Prioritätsstreitigkeiten in der Klonierungsmannschaft. Der Preis ging an John Gurdon, der Krallenfrösche geklont hatte, und an Shinya Yamanaka für seinen Durchbruch bei Stammzellen. Bei einem Vortrag in Hongkong erklärte mir Wilmut in der Uni-Bar, warum er das Klonen aufgeben wolle: Als Whisky-Kenner arbeite er lieber an Stammzelltherapie für schottische Lebern.

Das Verfahren beim Klon-Bock »Mikami« in China war wie bei »Dolly«. Der Kern von Eizellen wurde entfernt und durch Kern-DNA einer Körperzelle der »besten« Kaschmir-ziege ersetzt. Der Clou der Chinesen ist nun, dass Klon-Bock

Mikami mit »normalen« Kaschmirziegen gepaart wurde und 16 flauschige Zicklein zur Welt kamen, alle mit exzellenter Wollqualität.

Im Chinesischen Zentralfernsehen konnte man die putzigen Wollknäuel herumtapsen sehen.

14 weitere Babys des Superpapas sind noch unterwegs. Weinen Li, Generalmanager der Firma *Inner Mongolia Sino Science Top Biotechnology*, verkündete stolz, dass damit die indische Kaschmir-Klon-Konkurrenz geschlagen wurde.

An der indischen Sheri-Kashmir-Universität war bereits 2012 die Ziege »Noori« geklont worden.

Nicht nur in der Wissenschaft kommt es immer häufiger zu Kopf-an-Kopf-Rennen von Chinesen und Indern auf dem Weg zur Supermacht. Die indische Nordprovinz Kaschmir ist seit langem Streitobjekt zwischen Indien und Pakistan. Ihr jährlicher Kaschmirwolle-Export hat einen Wert von rund 80 Millionen US-Dollar.

Wir können dabei vielleicht mal lachende Dritte sein und uns in preiswertere Kaschmirschals werfen und mit Kaschmirpullovern wärmen.

Reinhard Renneberg

Immunologisches Domino

Zu Beginn des 20. Jahrhunderts wogte in der Forschung ein heftiger Streit: Erfolgt die Immunabwehr durch spezialisierte Zellen oder durch frei im Blutplasma schwimmende Proteine?

10.06.17

Bald wurde klar, es gibt kein Entweder-oder. Für eine erfolgreiche Abwehr benötigen Zellen und Plasmaproteine einander. Anders gesagt, sie sind komplementär. Entsprechend hat sich der Begriff »Komplementsystem« als Sammelbegriff für etwa 30 Proteine des Blutplasmas, die unserem Schutz dienen, eingebürgert. Die meisten werden als inaktive Vorstufen von der Leber geliefert. Ihre Aktivierung gleicht einer Kette fallender Dominosteine.

Viele dieser »Domino-Proteine« sind Proteasen, das heißt, Enzyme, die Proteine an einer bestimmten Stelle zerschneiden. Bei diesem Prozess wird gleichsam ein Deckel entfernt, der bis dahin das aktive Zentrum verbarg. Erst ohne Deckel kann das Protein wirken. Dabei mobilisieren einige wenige Proteasen am Anfang der Kette viele nachfolgende Proteine, die häufig selbst Proteasen sind.

Die dabei aktivierten Proteine können sich fest an Krankheitserreger, nicht aber an unsere Körperzellen binden. Dort dienen sie den verschiedensten Fresszellen als Erkennungssignal. So wird das Aufspüren und Vernichten von Krankheitskeimen erleichtert, ja, manchmal sogar erst ermöglicht.

Doch es gibt auch längere Dominoketten. Die dabei zusätzlich rekrutierten Proteine formen Poren in der Hülle des Krankheitserregers. Derart durchlöchert, ist sein Schicksal besiegelt. Fresszellen wie Makrophagen müssen nur noch den

Restmüll entsorgen. Das Proteindomino kann sehr unterschiedlich ausgelöst werden. Oft starten es die Mikroorganismen selbst. Dabei spielt Mannose, ein Zucker, der häufig in Strukturen von Bakterienhüllen anzutreffen ist, eine zentrale Rolle. Er wird von einer Komponente des Komplementsystems gut erkannt. Manchmal zerfällt eines der Startproteine sogar spontan. Trifft dieses zufällig aktivierte Protein nicht auf einen Erreger, wird es schnell inaktiviert.

Doch das Komplementsystem ist beileibe nicht nur Teil der unspezifischen Abwehr. Es wurde im Verlaufe der Evolution auch mit der spezifischen Abwehr verknüpft.

Durch Antikörper gebändigte Erreger, etwa Bakterien, sind zwar neutralisiert, aber noch nicht beseitigt. Um sie ganz zu vernichten, lösen die gebundenen Antikörper das Komplement-Domino aus.

Auch die abgespaltenen Proteinbruchstücke sind keinesfalls nutzlos. Viele von ihnen vermitteln oder befördern eine Entzündung. Einige wirken als Botenstoffe (Chemokine), die Fresszellen zum Ort des Geschehens locken.

So gewährleistet das Komplementsystem eine effiziente Vernetzung der verschiedensten Abwehrmechanismen.

Eine überschießende Aktivierung kann allerdings zu Gewebeschäden führen. Deshalb wacht eine engmaschige Regulation darüber, dass unser immunologisches Domino nicht außer Kontrolle gerät.

Iris Rapoport

Passend zur Grill-Sai-
son erfahren wir aus
der Zeitschrift der
American Chemical
Society *Journal of Agri-
cultural and Food Chemistry* (DOI: 10.1021/ acs. jafc.
8b00830) etwas wahrhaft »Ess-Enzielles«. Einen Grund
nämlich, warum uns Rindfleisch so gut schmeckt.

Gar nicht so bitter

23.06.18

Kurze Antwort: Die Abbauprodukte bestimmter Eiweiße
des Rindfleischs blockieren die Rezeptoren der Zunge für
bitteren Geschmack.

Biolumne-Leser kennen die fünf grundlegenden Ge-
schmacksrichtungen: bitter, süß, sauer, salzig, *umami* (flei-
schig-würzig). Der bittere Geschmack wird bei Menschen
durch 25 Rezeptoren der Zellmembranen der Sinneszellen
wahrgenommen, Fachleuten als Sieben-Transmembran-Regionen (7TMs) bekannt. Das Sehen und Riechen benutzt
ebenfalls Sieben-Transmembran-Regionen.

Der bittere Geschmack wird 100 000-fach besser wahr-
genommen als der süße. Das erscheint sinnvoll, denn der
Bittergeschmack ist in der Natur oft eine Warnung vor
Giften.

Für den Süß-Geschmack gibt es nur einen einzigen
Rezeptor. Der lässt sich mit etlichen Stoffen täuschen, zum
Beispiel mit Aspartam, einem Peptid. Aspartam befindet sich
in kalorienreduzierten Getränken. Die schlank machende
Wirkung des Aspartams ist allerdings zunehmend umstritten: Es suggeriert Süße, liefert dann aber keine Energie und
provoziert Heißhunger.

Für die 7TM-Aktivität in den Bitter-Rezeptoren sind bisher nur wenige Hemmstoffe (Inhibitoren) bekannt, fast alles

kurzkettige Verbindungen von wenigen Aminosäuren, sogenannte Peptide.

Solche Peptide können von Verdauungsenzymen (Proteasen) im Körper durch Spaltung von Proteinen erzeugt werden. Einige von ihnen reduzieren den bitteren Geschmack von aufgenommenen Substanzen und wirken auch entzündungshemmend.

Prashen Chelikani, Rotimi E. Aluko und ihre Kollegen von der University of Manitoba im kanadischen Winnipeg behandelten nun Rindfleisch mit sechs verschiedenen Enzymen: Alcalase, Chymotrypsin, Trypsin, Pepsin, Flavourzym und Thermoase.

Chinin, in Europa weniger als Antimalaria-Mittel bekannt denn als Bestandteil von Sommerdrinks (*Gin Tonic*), wurde von ihnen als Bitterstoff zum Test benutzt. Gemessen wurde der Grad der »Erbitterung« mit einer »elektronischen Zunge«.

Längere Peptide, die mit Trypsin- und Pepsin-Verdauung erzeugt wurden, reduzierten dabei am effektivsten die »Bitterkeit« von Chinin. Passt perfekt, denn Trypsin und Pepsin sind die menschlichen Verdauungsenzyme!

Die Autoren sehen große Perspektiven für Anti-Bitter-Peptide in der Nahrungsgüter- und Pharmaindustrie. Keine bitteren Pillen mehr. Dem Biolumnisten fallen weitere praktische Anwendungen der »Anti-Bitter-Peptide« für die Beziehungen zum direkten südlichen Nachbarn der Kanadier ein: Man könnte sich die bitteren Kommentare auf Donald Trumps nachträglich getwitterte Ablehnung des Abschlussdokuments des G7-Gipfels in Kanada versüßen.

Und natürlich könnte die Nahrungsmittelindustrie noch mehr Appetit auf ungesundes Essen machen.

»*America first*!« – wenigstens bei Fettleibigkeit.

Reinhard Renneberg

Nebenwirkungen Nebensache

Oft liegt bei Mineralien in der Nahrung Bedarf und Zuviel bedrohlich nah beieinander. Nicht so bei Magnesium.

Hier ängstigt eher ein möglicher Mangel. Es ist schier unglaublich, was der alles verursachen soll: Herzrhythmusstörungen genauso wie Bluthochdruck oder Muskelkrämpfe, Osteoporose, Aufregungszustände, Depressionen, Nierensteine, Diabetes, Müdigkeit, Kopfschmerz und noch vieles mehr. Kaum etwas fehlt. Kann das wirklich stimmen?

Die Evolution hat sich des Magnesiums sehr häufig bedient. Es bildet – biologisch gesehen – freundliche Ionen. Das Metall erzeugt weder gefährliche Radikale, noch fällt es als schwer lösliches Salz aus.

Magnesium, das oft als Gegenspieler des ihm chemisch nahe verwandten Kalziums agiert, wirkt sogar dessen Ausfällen am falschen Orte und damit Verkalkung entgegen. Gleichzeitig fördert es die Mineralisierung der Knochen. Das nicht zuletzt deshalb, weil ohne Magnesium das für den Knochenstoffwechsel so wichtige Vitamin D nicht aktiviert werden kann.

Doch die Enzyme, die dafür verantwortlich sind, sind nur zwei von Hunderten Enzymen, für die Magnesium Cofaktor ist.

Viele von ihnen regeln den Stoffwechsel, andere wirken bei der Synthese von Proteinen und Erbsubstanz. Unsere »Energiewährung«, das ATP, ist ohne Magnesium nicht nutzbar. Da ahnt man dunkel, dass sein Mangel vielleicht tatsächlich die Funktion praktisch aller Organe negativ beeinflussen kann.

Bekannt ist seine Wirkung auf Muskelzellen: Magnesium dämpft deren Erregbarkeit. Deshalb wird es als Mittel gegen Krämpfe gepriesen. Manchmal hilft es sogar.

Doch nicht jeder Krampf wird durch Magnesiummangel verursacht. Und leider kann seine ausreichende Zufuhr auch nicht alle genannten Krankheiten verhindern oder gar heilen. Magnesium ist beileibe kein Spurenelement. 25 Gramm finden sich in unserem Körper. Weit weniger als ein Prozent davon schwimmt im Blutplasma. Ein Speicher war, evolutionär gesehen, offenbar nicht nötig. Geregelt wird alles über Zufuhr und Ausscheidung. Letzteres ist bei einer gesunden Niere praktisch kein Problem. Da jede lebende Zelle das Metall benötigt, findet es sich in fast jeder Nahrung. Selbst hartes Wasser ist eine gute Quelle.

Lange meinte man deshalb, Magnesiummangel gäbe es nicht. Aber ein Bedarf von fast einem halben Gramm täglich ist eine ganze Menge. Und von den gut löslichen Salzen geht durch Auslaugen, vor allem bei industrieller Verarbeitung, einiges verloren. Hinzu kommt, dass es selbst unseren Nutzpflanzen an Magnesium mangeln kann.

Daten zu Magnesiummangel sind weltweit spärlich. Für die USA findet man von der WHO dokumentiert, dass weit weniger als die Hälfte der Bevölkerung die täglich empfohlene Menge zuführt.

Und wie steht es mit der Gefahr einer Überdosierung? Zu viel Magnesium verursacht Durchfall.

Doch selbst dieser Effekt wird bei der Verwendung in Abführmitteln ins Nützliche gewendet.

Iris Rapoport

Neuer Selbstversuch

Oh nein, was für ein schlechter Scherz! Gerade arbeite ich an einem neuen Cartoonbuch für Kinder:

»*Mikroben – unsere besten Freunde*«. Da erwischt mich nach einer Operation im Krankenhaus eine Infektion ...

Eine halbe Stunde Schüttelfrost, Fieber, Blutdruck auf 200. Wie im Kino. Die Ärzte bestimmen den Bösewicht nach drei langen Tagen als *Escherichia-coli*-Stamm, normalerweise ein überaus nützlicher Darmbewohner. Nun aber ist er gegen Ampicillin, Cefotaxim, Ceftazidim, Piperacillin, Ceftriaxon, Cefepim und Cefuroxim resistent! Ich hatte ja keine Ahnung, was es alles gibt ...

Die Schwester infundiert nun Zienan, eine Kombination aus dem Antibiotikum Imipenem und dem Hilfsstoff Cilastatin. Es schlägt an!

Vor 90 Jahren entdeckte der Schotte Alexander Fleming nach einem feucht-kalten Sommer im Labor eine vergessene Bakterienkultur. Ein Schimmelpilz war auf die Agarplatte gelangt, gewachsen und hatte die Bakterien in seiner Umgebung getötet. Fleming isolierte die Substanz und nannte sie nach dem Pinselschimmel Penicillin. Das Wundermittel rettete dann Millionen das Leben. Gegen Streptokokken, Staphylokokken, Gonokokken, Spirochäten wirkte es fantastisch.

Der Trick der Schimmelsubstanz: Sie baut einen sogenannten Lactam-Ring in die Zellmembran der Bakterien. Der wirkt dort wie ein bröckeliger Baustein in einer Staumauer: Hier bricht der Damm. Einige Bakterien überleben allerdings die Penicillin-Attacke.

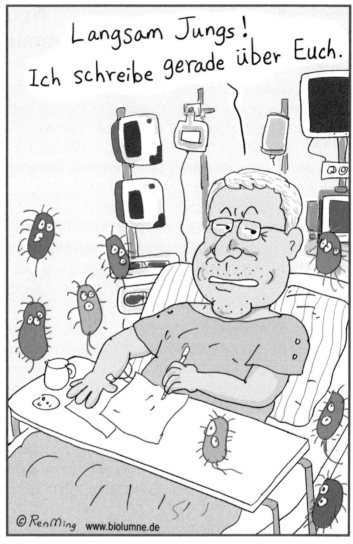

Sie besitzen Enzyme, die sogenannten Lactamasen. Die zerstören den Lactamring. Und so wird der nicht mehr in die Zellwand sich teilender Bakterien eingebaut. Die Zellen platzen nicht mehr durch osmotischen Druck. Sämtliche

Tochterzellen sind resistent. Evolution im Schnelldurchlauf! Da ihre Nahrungskonkurrenten tot sind, haben sie Futter im Überfluss.

Davor warnte Sir Alexander schon während des Siegeszuges des Penicillins. Wenn es billig würde und bei jedem Zipperlein geschluckt, würde eine Evolution im Schnelldurchlauf resistente Varianten schaffen. Und so ist es gekommen!

Penicillin war so erfolgreich, dass einige Pharmaunternehmen Ende des 20. Jahrhunderts aus der Antibiotikaforschung ausstiegen. Die Suche nach neuen Mitteln wurde erst jüngst verstärkt.

Angesichts von 56 000 (!) Todesfällen pro Jahr durch Sepsis in Deutschland wäre es gut, wenn die behandelnden Ärzte möglichst schnell wüssten, welcher Erreger mit welchen Resistenzen in ihrem Patienten wütet. Deshalb wird fieberhaft daran gearbeitet, die Zeit bis zur Bestimmung des Erregers zu verkürzen. Derzeit muss man drei bis fünf Tage auf das Ergebnis warten. Forscher vom Fraunhofer Institut für Angewandte Informationstechnik in Sankt Augustin schaffen es mit ihrem System Pathosept in neun Stunden.

Am Leibniz Institut für Photonische Technologie in Jena gelingt eine Resistenz-Bestimmung sogar in nur zwei Stunden. Noch sind das aber Prototypen.

Reinhard Renneberg

Ihr Bonus als Käufer dieses Buches

Als Käufer dieses Buches können Sie kostenlos das eBook zum Buch nutzen.
Sie können es dauerhaft in Ihrem persönlichen, digitalen Bücherregal
auf **springer.com** speichern oder auf Ihren PC/Tablet/eReader downloaden.

Gehen Sie bitte wie folgt vor:

1. Gehen Sie zu **springer.com/shop** und suchen Sie das vorliegende Buch
   (am schnellsten über die Eingabe der eISBN).
2. Legen Sie es in den Warenkorb und klicken Sie dann auf:
   zum Einkaufswagen/zur Kasse.
3. Geben Sie den untenstehenden Coupon ein. In der Bestellübersicht wird
   damit das eBook mit 0 Euro ausgewiesen, ist also kostenlos für Sie.
4. Gehen Sie weiter **zur Kasse** und schließen den Vorgang ab.
5. Sie können das eBook nun downloaden und auf einem Gerät Ihrer Wahl lesen.
   Das eBook bleibt dauerhaft in Ihrem digitalen Bücherregal gespeichert.

   978-3-662-58188-9
fddseGYHDRgXBmB

eISBN
Ihr persönlicher Coupon

Sollte der Coupon fehlen oder nicht funktionieren, senden Sie uns bitte
eine E-Mail mit dem Betreff: **eBook inside** an **customerservice@springer.com**.